脱炭素時代のグリーン材料

# バイオプラの教科書

小松道男

世界が認める技術者から本物のバイオプラを学ぶ

日経BP

## はじめに

忘れてはいけないよ。

本に書いてあることや学校で学んだことが

常に正しいとは限らないんだ。

フェリット・エドギュ（著）、木原（訳）『最後の授業』

〔出典：人見勝人（京都大学名誉教授）：入門編生産システム工学〕

豊かな暮らしと平和な日々が続くことを誰もが願い、いや、願うことさえ忘れて、不都合な出来事が自分には起きるわけがないと信じて生活してきたのではないでしょうか。

大洪水や台風の巨大化、熱波による 40 ℃を超す灼熱の太陽……世界の各地で気候が大きく変わってきています。その大きな原因の 1 つとして考えられるのは大気中の $CO_2$ の増加です。化石資源を使って近代社会を作り上げてきた反動が地球に生じてきています。プラスチックも化石資源から人間が作り出した素材です。日常生活でプラスチックにお世話にならない日は 1 日たりともありません。それほど生活に浸透している便利な夢の素材でした。

しかし、気候の変動や、海洋へ流出してしまったプラスチック廃棄物による「負の側面」に、知らないふりをし続けることはできない時期が来ました。その解決策の 1 つがバイオプラスチック（バイオプラ）です。不都合な出来事に真正面から対峙し、科学的な裏付けを確認しながら世の中への普及が始まろうとしています。

バイオプラとはどのような素材で、どんな特徴があり、使い方や廃棄物処理の方法をどうすればよいのかなど、皆さんにとっては謎だらけだと思います。そこで、そもそもプラスチックとは何か、から始まり、バイオプラ登場の背景や世界の使用状況、どんな製品へ使えるのか、新たに生じた課題など、バイオプラについてできるだけ平易に、かつフェアにまとめた初学者向けの教科書として執筆しました。筆者の専門は金型工学であり、生物化学や政治、経済、法律などについては十分な知識を有しているとは言いきれません。できる限り信頼できるエビデンスを参考にして執筆を心掛けましたが、正確に伝えきれていない箇所があるかもしれません。読者諸氏におかれましては、気付いた点があった場合にはぜひご指摘ください。再版時などに鋭意ブラッシュアップすることができたら幸いです。

小松道男

## 第13章 私のバイオプラスチック加工技術開発の取り組み

# 第1章

## プラスチックと地球環境の破壊

第1章

# プラスチックと地球環境の破壊

## 1.1　地球に忍び寄る環境破壊

### 1.1.1　温暖化による気候変動

思い出してください。ここ数年、日本では真夏の最高気温が40℃を超え、台風が強大化して、集中豪雨による河川氾濫が続発するようになっています。四季折々の気候が自慢だった日本の環境がじわじわと変化しているのを誰もが感じ取っていることでしょう。

**地球温暖化**に代表される**気候変動**問題は、世界規模で長期的に取り組む必要のある重要課題です。二酸化炭素（$CO_2$）には温室効果があり、大気中の濃度は、産業革命（1770～1870年頃）以前は280ppmでしたが、わずか数百年後の2019年には410ppmまで上昇し、2100年には500～1000ppmくらいまで上昇すると予測されています。

大気中の$CO_2$濃度を安定させるには、陸域および海洋における世界の炭素吸収量（約30億炭素t）と世界の炭素排出量（約63億炭素t）のバランスをとることが必要であると考えられています。温暖化ガスの濃度の上昇による環境異変は世界各地で現われています（図1-1）。地球は、数億年の時をかけ、地中に炭素を固定化することによって環境を保ってきました。ところが、ここ数百年の急激な化石資源の消費により、地球環境は今後、一層悪化していくと予見されています（図1-2）。

**温暖化ガス**の発生原因の1つに、プラスチック廃棄物の燃焼処理によ

図 1-1 ●温暖化により極地の氷が溶けだしている
（出所：環境省の Web サイト）

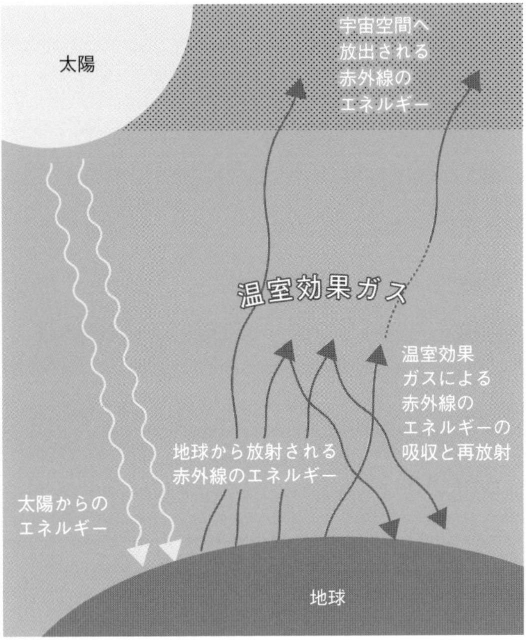


図 1-2 ●地球温暖化のメカニズム
（環境省の資料を基に日経クロステックが作成）

図 1-3 ●積み上げられたプラスチックゴミの山
（出所：Messe Düsseldorf/ctillmann）

る $CO_2$ の放出が挙げられます。世界中のゴミ焼却場では毎日大量のプラスチック廃棄物が燃焼処理されており、用途を終えたプラスチック製品は温暖化の要因になっています（図 1-3）。

2016 年に地球温暖化対策の国際的な枠組みである**パリ協定**（国連気候変動枠組条約第 21 回締約国会議；COP21）が発効されました。図 1-4 は、世界の平均地上気温の変化予測です。パリ協定に基づく温暖化ガス削減目標を達成した場合、2100 年の気温は 2℃上昇すると予測されています〔**2℃上昇シナリオ**、RCP（Representative Concentration Pathways；代表濃度経路シナリオ）2.6、低位安定化シナリオ〕。これに対し、2020 年時点を超える追加的な緩和策を取らなかった場合は、気温が 4℃上昇する（**4℃上昇シナリオ**、RCP8.5、高位参照シナリオ）と予測されています。

日本における気候変動の予測を表 1-1 に示します。温暖化の影響は、島国である日本にとって、社会生活を送る上で極めて深刻であると科学

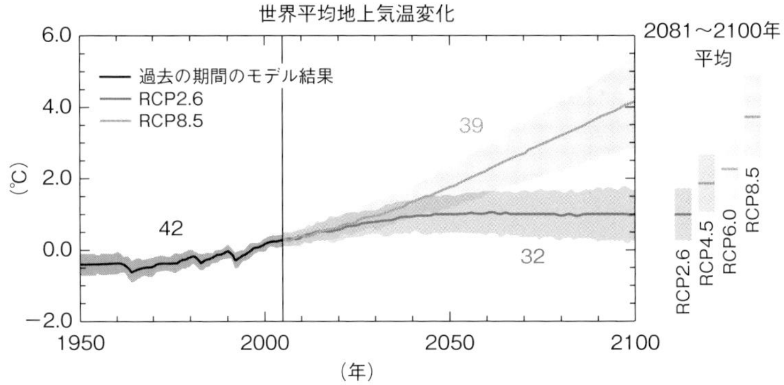


図 1-4 ●1950～2100 年の世界平均地上気温の変化予測
〔出所：国連の気候変動に関する政府間パネル（IPCC）第 5 次評価報告書（2014 年）〕

表 1-1 ●2100 年における日本の気候変動の予測
〔出所：文部科学省と気象庁（2020 年 12 月公表資料）〕

| 気象現象 | 2 ℃上昇シナリオ | 4 ℃上昇シナリオ |
|---|---|---|
| 年平均気温 | 約 1.5 ℃上昇 | 約 4.5 ℃上昇 |
| 猛暑日の年間日数 | 約 2.8 日増加 | 約 19.1 日増加 |
| 熱帯夜の年間日数 | 約 9.0 日増加 | 約 40.6 日増加 |
| 冬日の年間日数 | 約 16.7 日減少 | 約 46.8 日減少 |
| 日降水量 200mm 以上の年間日数 | 約 1.5 倍に増加 | 約 2.3 倍に増加 |
| 1 時間降水量 50mm 以上の頻度 | 約 1.6 倍に増加 | 約 2.3 倍に増加 |
| 台風の強度 | 強まる | 猛烈な台風の存在頻度増加 |
| 日本近海の平均海水面温度 | 約 1.14 ℃上昇 | 約 3.58 ℃上昇 |
| 日本沿岸の平均海水面水位 | 約 0.39m 上昇 | 約 0.71m 上昇 |
| オホーツク海の 3 月海氷面積 | 約 28 %減少 | 約 70 %減少 |
| 日本南方の表海水 ph(酸性化) | 約 0.04 %低下 | 約 0.3 %低下 |

的に予測されているのです。

## 1.1.2　海洋プラスチックゴミによる有害物質の生物濃縮

地球の構造は、陸域と海域、空域の 3 つに大別されます。陸域から発

図 1-5●海洋へ流出するプラスチックゴミ
（出所：環境省の Web サイト）

生した$CO_2$が空域の環境を変化させている一方で、陸域から発生したプラスチック廃棄物は海域の環境の異変も起こしていることが分かってきました（図 1-5）。陸域で捨てられたプラスチックゴミは、下水などを経由して河川から海へ流れ出ます。その後、紫外線によって劣化し、波や風で砕かれて小さな粒になっていることが分かってきました。大きさが 5mm 以下のこの小さな粒を**マイクロプラスチック**と呼びます。マイクロプラスチックは、肉眼では見えないほど小さな粒になったものでもプラスチックの分子構造をそのまま保持しています。酸素や炭素などの分子に変化したわけではありません。

世界では年間 800 万～2000 万 t ものプラスチックゴミが海へ流出していると試算されています（ただし、2021 年 4 月現在、海洋に流出したプラスチックゴミの量を正確に測定したデータはありません）。このペースで推移すると、2050 年にはマイクロプラスチックの質量は世界中の魚や貝などの質量よりも多くなるという予測もあります。

マイクロプラスチックは、炭化水素で構成された高分子のため疎水性が高く（水を弾きやすく）、疎水性の海水に溶けているポリ塩化ビフェニル（PCB、発癌《がん》性物質）や有機リン化合物（神経系疾患の有害物質）を高濃度で吸い付けやすいという性質があります。しかも、マイクロプラスチック表面の劣化によって、さらにそれらを吸着しやすくなる可能性も考えられます。これらの有害物質をPOPs（Persistent Organic Pollutants；残留性有機汚染物質）と呼びます。POPsは、環境中で分解されにくいため食物連鎖などによって生物の体内に蓄積しやすく、長距離を移動して北極などへ蓄積してしまう可能性があるという特徴を持ちます。POPsの海洋などへの投棄は、現在は厳重な法規制が敷かれていますが、過去に海洋投棄されたものは海水中に希釈されて残存しています。

残留性有機汚染物質に関するストックホルム条約が2004年に発効され（日本も加盟）、有害化学物質が指定されて、現在では生産・販売・使用が厳しく規制されています。現時点における海水中での希釈濃度であれば、人体や魚介類に大きな影響がないことは確認されています。しかし、マイクロプラスチックの表面に付いているPCBの濃度は、海水に溶けているPCBの平均濃度の10万～100万倍であることが近年の各国の科学者による調査で分かってきました。

イワシやエビなどは、マイクロプラスチックをプランクトン（餌）と間違えて捕食しており、実際に捕獲された小魚からは数個レベルのマイクロプラスチックが発見されています。そうした小魚を人間が食べた場合の影響はというと、今のところ有害となるレベルではありません。しかし、カツオやマグロ、クジラといった10年くらい回遊する魚類や海

図 1-6 ●マイクロプラスチックによる有害物質の生物濃縮
（出所：日経クロステック）

洋生物はイワシやエビなどを毎日大量に食べるので、体内に PCB や有害物質がたまっていることが分かってきました（現時点では、人が食べる刺身などには有害レベルの PCB などは含まれていません）。そのため、このままマイクロプラスチックが増えていくと、これらの魚や海洋生物の筋肉部分（食用部分）に PCB などが溶出するのではないかと危惧する声が欧州を中心に上がるようになってきました。気が付いた時には人体への有害性に関して手遅れになっている可能性を排除するために、マイクロプラスチックのこれ以上の増大を食い止め、回収方法を検討する必要性が議論され始めています（図 1-6）。

地中海は静かな湖のような美しい海です。マグロもたくさん取れますが、フランスやイタリアの人は魚を食べるのを心配するようになってきています。地中海を**プラスチックスープ**と呼ぶ人々も出てきました。

マイクロプラスチックの原因となるプラスチックゴミはどこからやっ

図 1-7 ●海洋プラスチックゴミはどこから？
〔出所：European Environment Agency（EEA）〕

てくるのかを調べたデータがあります。驚くことに海洋プラスチックゴミの約 80 %は陸域で発生して河川経由で海へ流出しています（図 1-7）。もちろん釣り具や漁業、船舶から海洋への直接投棄もありますが、陸域から大半が流出していることをきちんと認識する必要があります。

## 1.2　そもそもプラスチックとは

プラスチックは毎日当たり前のように使われている便利な素材ですが、そもそもプラスチックとはどのような素材なのでしょうか（図 1-8）。プラスチックのほとんどは**合成樹脂**という物質で、人間が作り出した素材です。一方、自然界には**天然樹脂**という物質が存在しています。例えば、ゴムの木から流れた樹液を固めた生ゴムや、中近東地域で採掘されるオイルサンド（アスファルトに類似）、松脂《まつやに》が化石となった

図 1-8 ●身の回りにあるたくさんのプラスチック製品
（出所：国立環境研究所 社会対話・協働推進オフィスの Web サイト）

琥《こ》珀《はく》などです。しかし、これらは工業用に使われることはほとんどありませんでした。

プラスチックが広く使われるようになったのは、石油などの化石資源の素材から合成できるようになってからです。合成樹脂が世の中で使われるようになったのはまだわずか 70 年ほど。合成樹脂の 99.9 %は、現在も石油と天然ガスから作られています。合成樹脂のほとんどは自然に分解しないのでそのままの形で残ります。つまり、ほとんどが数百年以上そのまま残存すると考えられています。合成樹脂は炭素原子や酸素原子を含んでいるため燃やすことができますが、燃焼時には$CO_2$が排出されて地球の温暖化を促進します。また、合成樹脂は川から海へ流れて行き、波や風で砕かれてマイクロプラスチックになります（以降、合成樹脂をプラスチックと表記します）。

### 1.2.1 プラスチックの特徴 天然素材との比較

プラスチックが世の中で大量に使われるようになったことには、いくつかの理由があります。プラスチックには「軽い上に、強く、曲げることもできる」という特徴があります。昔から使われていた天然繊維の藁《わら》（藁草履などに使用）や、葉（柏《かしわ》餅の葉などに使用）、木材（お椀などに使用）、綿花（木綿糸などに使用）、昆虫の糸（絹糸などに使用）、動物の毛（毛糸などに使用）と比べて、質量が変わらないにもかかわらず、強度は数倍です。そして、プラスチックはポリエステル糸や「ナイロン〔ポリアミド（PA）〕」糸に加工されて、衣類や袋、包装などにも使われるようになりました。加えて、強度が高いことを利用して水を貯める桶（ポリバケツなど）や飲料カップなどに加工できるようにもなったのです。

また、プラスチックにはポリエチレン（PE、透明のごみ袋など）や塩化ビニル（PVC、ビニールハウスのフィルムなど）のように透明な素材があるため、天然繊維や木材とは異なり、光を通して中が透視できる特徴を持つものもあります。

さらに、工場で大量生産できるので安価であり、原料の採集や糸などへ加工する人件費も低く抑えられるため、天然素材からの置き換えが急速に進みました。その結果、プラスチック製品は、廃棄後に回収して再利用するよりも使い捨てた方がコストパフォーマンスが良いという消費文化が進み、リサイクルして素材を循環利用したり、物を長期間大切に使ったりする文化を次第に凌《りょう》駕《が》するようになっていきました。

### 1.2.2　プラスチックがなくなったら

一般的な会社員や学生の１日をイメージしてみましょう。例えば、朝起きて朝食を作ろうと冷蔵庫を開けると、卵のプラスチックパックに目が留まります。プラスチックフィルムを開けてハムを取り出し、昨日作り置きしたおかずは包装ラップのまま電子レンジで加熱します。牛乳の紙パックの内側にはプラスチックのラミネートフィルムが貼ってあります。

学校や会社に行くために家を出ると、クルマとすれ違います。そのクルマのバンパーやヘッドライトカバーはプラスチック製で、クルマのドアや椅子、内装品はほとんどがプラスチック製です。途中でペットボトル飲料などを買うためにコンビニエンスストアに寄ってみると、言うまでもないことですが、ペットボトルはプラスチック製で、コンビニのレジ袋もゴミ袋もプラスチックで出来ています。購入した製品に付属しているスプーンやフォーク、ストロー、カップ麺の発泡容器もプラスチック製です。

朝のメールチェックをするためにスマートフォンを開くとUSBの差し込み口にはコネクターがありますが、それもプラスチック製です。液晶画面の下には薄い透明の導光板というプラスチック板が敷かれており、充電用のケーブルもプラスチック製。

他にも、風邪薬のパッケージもプラスチック製で、病院の注射器もプラスチック製で使い捨てです。眼鏡のレンズもプラスチック、スポーツシューズも靴底などにプラスチックが多用されています。テレビやパソコンのキーボード、プリンター、冷蔵庫、洗濯機などの家電製品、事務（OA）製品の外装はほとんどがプラスチック製です。電柱の電線ケーブルの被覆もプラスチックで、衣類の原材料にもポリエステル繊維やナイロン繊維といったプラスチックがたくさん使われています。飛行機は質量を1gでも軽くするために炭素繊維入りのプラスチック（**炭素繊維強化樹脂**）がたくさん使われています。モーターボートや自転車でも同様です。ボールペンやシャープペン、クリアファイルなど文房具にもプラスチックがたくさん使われています。

このように、会社員や学生の1日の流れを簡単に思い浮かべただけでもたくさんの製品や部品にプラスチックが採用されていることが分かります。採用の理由が合理的なので、70年ほどの間に社会に浸透したのです。このように、プラスチックには利点も多く、衛生的な暮らしや安全な暮らしを支えています。

半面、負の側面もあります。プラスチックの負の側面について、世の中が長く知らぬふりをしてきたのは事実です。とはいえ、地球の環境が待ったなしで変動し始めている今、このまま知らぬふりを続けることはできません。今こそ、知恵と工夫でプラスチックを使いこなす議論が重要です。また、実際にそうした声が高まってきています。

例えば、自動車の場合、廃車になった後は部品をばらばらにして鋼やアルミニウム合金、ガラス、プラスチックなどへ分別し、それらを溶解して再利用するリサイクルシステムが世界中で機能しています。家電製品では法律によって回収費用を支払う義務を設け、素材ごとにリサイクルする制度が日本をはじめ各国でスタートしています。しかし、菓子などの包装や総菜トレー、ラップ、カップ麺容器、紙コップ（内側がプラスチックでラミネートされている）、ストロー、スプーン、農業で使うプラスチックシート、発泡スチロール箱、ポリ袋などは、リサイクルの仕組みが十分に整備されておらず、これらがマイクロプラスチックの大きな原因になっています。

### 1.2.3 プラスチックの開発史

ここで、プラスチック開発の歴史について振り返ってみましょう（表1-2）。

表 1-2 ●プラスチック開発の歴史
（出所：小松技術士事務所）

| | |
|---|---|
| 紀元前<br>3000 年頃 | オイルサンド（天然アスファルト）が船や建物に利用される。 |
| 紀元後 | 天然樹脂として生ゴム（ゴムの木）、松脂、シェラック〔かいがら虫から取れる液（ニス）〕などが使用される。 |
| 1833 年 | フランスのブランコネがニトロセルロースを発見する。 |
| 1869 年 | 米国のハイアットがセルロイドを発明する。 |
| 1884 年 | フランスのシャルドネがレーヨン（人絹）を発明する。 |
| 1907 年 | 米国のベークランドがベークライトを発明する。 |
| 1920 年 | ドイツのシュタウディンガーが高分子説を発表する。 |
| 1921 年 | ドイツで射出成形機が発明される。 |
| 1921 年 | スイスと米国でエポキシ樹脂が発明される。 |
| 1925 年 | フランスで生分解する脂肪族ポリエステルが発見される。 |
| 1931 年 | ドイツで塩化ビニル（PVC）が工業化される。 |
| 1932 年 | 米国で低分子量ポリ乳酸（PLA）が発見される。 |
| 1933 年 | イギリスでポリエチレン（PE）が発明される。 |
| 1935 年 | 米国のカロザス博士がポリアミド（PA）を発明する。 |
| 1939 年 | 米国のデュポンがナイロン（ポリアミド）の生産を開始する。 |
| 1940 年 | イギリスでポリエステルが発明される。 |
| 1942 年 | アクリロニトリル・ブタジエン・スチレン（ABS）樹脂、フッ素樹脂が生産される。 |
| 1954 年 | イタリアのナッターがポリプロピレン（PP）を発明する。 |
| 2000 年 | 白川英樹博士がポリアセチレンの合成でノーベル化学賞を受賞する。 |
| 2003 年 | 日本のプラスチック射出成形機の生産台数が史上最高を記録する。 |

### 1.2.4　新しいプラスチックの登場

プラスチックの原材料は、石油や天然ガスであると説明しましたが、近年ではそれ以外の原材料からプラスチックを作ることが可能になりました。例えば、植物のでんぷんや家畜の糞などの**バイオマス（再生可能資源）**を原料にプラスチックを合成できるようになりました。例えば、ポリエチレン（PE）を植物原料から合成することが可能となり、石油から合成されたポリエチレンと同じ品質の材料が作れるようになりました。

バイオマス資源には、生産系バイオマスと廃棄物系バイオマスがあります。生産系バイオマスは、農業生産などによって生産されるバイオマスのことです。一方、廃棄物系バイオマスは、ゴミや廃棄物から得られるバイオマスのことです。これらのバイオマスには次のような分類があります（表1-3、表1-4）。

一方で、これらのプラスチックの中には使用後に土の中に埋めると微

表1-3●生産系バイオマス
（出所：小松技術士事務所）

| | |
|---|---|
| でんぷん系 | 穀物、根菜類など |
| 糖質系 | サトウキビ、テンサイなど |
| リグノセルロース系 | 木材、竹など |

表1-4●廃棄物系バイオマス
（出所：小松技術士事務所）

| | |
|---|---|
| 農業系 | 稲わら、麦わら、もみがらなど |
| 畜産系 | 家畜ふん尿など |
| 林業系 | 木くず、おがくずなど |
| 食品製造業系 | 動植物性残さなど |
| 建設業系 | 廃材など |
| 生ごみ類 | 家庭ごみ、産業ごみ |
| 草木類 | 雑草、木竹など |
| 汚泥類 | 下水汚泥、し尿など |

生物の働きで形がなくなるものが現れました。この現象を**生分解《せいぶんかい》**と呼びます。これまでプラスチックは長期間分解せずに残存してしまう物質だと認識されてきましたが、プラスチックであっても木材や植物、動物の身体のように自然界に住んでいる微生物の働きで水や$CO_2$に分解されるものが登場したのです。これは従来のプラスチックの概念を覆す革命的な出来事でした。

また、石油から合成されたプラスチックで生分解するものも開発されました。石油を原料とするプラスチックは生分解しないという常識が変わったのです。第2章で詳しく説明しますが、現在のプラスチックには、「原材料を化石資源とするもの」と「原材料をバイオマスとするもの」、「生分解するもの」と「生分解しないもの」が存在し、その組み合わせが4パターンに分類されます。

### 1.2.5 生分解性プラスチックは本当に分解するのか

生分解するプラスチックは、どのような原理で分解されるのでしょうか。植物から作られる生分解性プラスチックであるポリ乳酸（PLA）の例で説明しましょう。

まず、廃棄されたポリ乳酸は土壌や海水の水と反応し、**加水分解**という現象が起きて分子量が低下していきます。また、太陽光などの光から発せされる紫外線の影響によって**光分解**が発生し、分子量が低下します。

こうして分子量が低下した状態のプラスチックを、土壌や海水中に住んでいる**微生物（バクテリア）**が体内に取り込み、代謝して水と$CO_2$に**微生物分解**します。また、微生物が放出する**分解酵素**（例えば、プロテイナーゼKという分解酵素）を放出し、微生物分解で水と$CO_2$に分解します。

化石資源から作られたプラスチックが海水中で波や風によって微細化しても高分子のままサイズが小さくなる現象とは全く異なり、微生物分解はポリ乳酸とは全く別の物質、具体的には原子レベルで水（$H_2O$）と$CO_2$に化学変化させるのです。

図1-9にポリ乳酸製ボトルが落葉の**コンポスト（堆肥化装置）**の中で生分解する様子を示します。2週間で一部に凹《へこ》みが生じ、4週間でその凹みが全体に広がって、6週間で大きな穴が出来てかなり生分解が進んでいることが分かります。微生物の数や温度、湿度にもよりますが、この写真の状態であれば3カ月程度でほぼ全てが生分解すると予測できます。

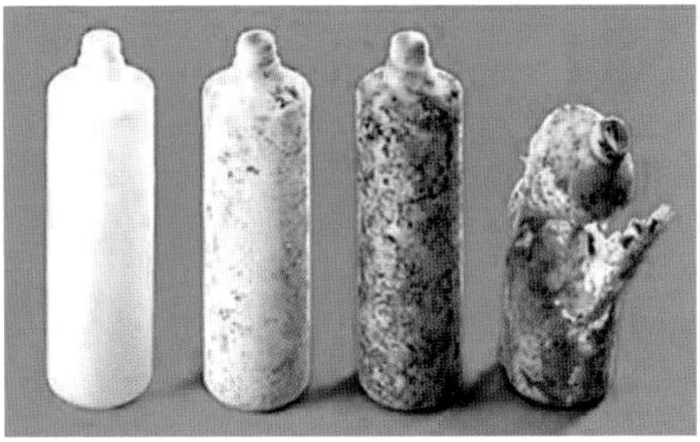


図1-9●生分解性プラスチックの分解の様子
ポリ乳酸製のボトルを落葉コンポストに入れたもの。
（出所：日本バイオプラスチック協会のWebサイト）

図1-10は、美しい透明なポリ乳酸製のシャンパングラスが廃棄後にコンポスト内で生分解する様子です。このシャンパングラスは、筆者が

図 1-10 ●ポリ乳酸製シャンパングラスの生分解の事例
コンポストに入れたもの。
〔出所：日精樹脂工業（Total Corbion PLA Luminy)〕

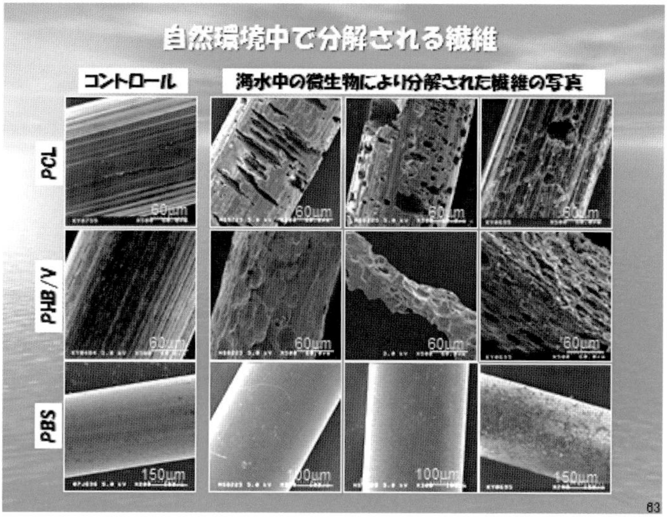


図 1-11 ●生分解性プラスチックの海水中での分解の様子
（出所：大妻女子大学教授の兼広春之氏，「プラスチックによる海洋汚染」，プラスチック循環利用協会講演会，2014 年 9 月 2 日講演）

開発したポリ乳酸薄肉容器の射出成形法で作られた製品です。

図1-11は、海水中の生分解性プラスチックの生分解の様子を示します。この写真ではポリカプロラクトン（PCL）、ポリヒドロキシブチレート/バリレート（PHB/V）、ポリ・ブチレン・サクシネート（PBS）の3種類の生分解性プラスチックが海水中で生分解する様子が示されています。一般に、海水中の微生物の量はコンポストや土壌中よりも著しく少なく、水温も陸上の気温よりも低いため、生分解には長期の時間が必要になります。それでも、時間がかかっても海水中の微生物の酵素によって生分解が進行し、水と$CO_2$に化学変化します。この点が非分解性プラスチックと決定的に異なります。

生分解性プラスチックは、コンポストや土壌、海水などにいる微生物の働きによって生分解します。生分解が始まるためには、以下の①～③の条件が整う必要があります。

①微生物の数量

②温度

③水分量

一般に微生物の量が多いほど生分解しやすく、温度は高い方が望ましく（発酵温度である57℃前後が望ましい）、水分量が多いほど適しています。コンポストや土壌などには5000～5万種類もの微生物が存在し、その量は状況によりますが1億～100億個/gも含まれています。河川や海水中にも微生物が存在しますがコンポストや土壌中と比べるとかなり少ない数 10 万個/g 程度にとどまります。

参考文献：

1）「日本の気候変動 2020—大気と陸・海洋に関する観測・予測評価報告書」，文部科学省，気象庁，2020 年 12 月 4 日．

2）府川伊三郎，「マイクロプラスチック 海洋プラスチックごみとマイクロプラスチック（下）」，旭リサーチセンター，2017 年 12 月．

3）高田秀重，「マイクロプラスチックって何だ？」，東京農工大学農学部環境資源科学科．

4）中山敦好，「海洋中でのプラスチックの生分解」，pp.377–381，『プラスチック成形加工学会誌』，Vol.32，2020 年 11 月．

5）雪岡聖ほか，「水環境中におけるマイクロプラスチックの粒径に着目した微量有機汚染物質の吸着特性」，p527，『土木学会論文集』，Vol.74，No.7，2018．

6）辻秀人，『ポリ乳酸　植物由来プラスチックの基礎と応用』，米田出版，2008 年 4 月．

7）大島一史，望月正嗣，『バイオプラスチックの素材・技術最前線（新材料・新素材シリーズ）』，シーエムシー出版，2009 年．

8）生分解性プラスチック研究会編，『トコトンやさしい生分解性プラスチックの本』，日刊工業新聞社，2004年8月．

9）国連 IPCC（気候変動に関する政府間パネル），第 5 次評価報告書，2014 年．

10）ミスミ，「技術情報」（https://jp.misumi-ec.com/tech-info/）．

## 演習問題（実力を試してみよう）

**Q.1** PCB を吸着したマイクロプラスチックの表面の PCB 濃度は、海水に溶けている PCB の平均濃度と比較した場合、何倍程度になるか答えなさい。

**Q.2** 現在、世界中で陸域から海へ流出しているプラスチックゴミの量はおよそ何 t と試算されているか答えなさい。

**Q.3** プラスチックが社会で広く使われるようになった理由を説明しなさい。

**Q.4** 生分解性プラスチックの一種である「ポリ乳酸」はどのような原理で

分解するか簡単に説明しなさい。

**Q.5** あなたやあなたの子孫、友人が2100年に住んでいると思う都道府県名を挙げ、気候変動によるどの気象現象の変化が最も懸念されるかを指摘して、その理由を説明しなさい。

◀ COLUMN ▶

**首相官邸の公式YouTube（ユーチューブ）チャンネル（英語版）の動画「海洋プラスチックへ取り組む日本の技術イノベーション」**

「Japan's Tech Innovations To Tackle Ocean Plastic（海洋プラスチックへ取り組む日本の技術イノベーション）」が、首相官邸公式のYouTubeで公開されています。2021年1月時点で再生回数が106万回になっています。2020年5月からCNN Internationalやeuronews.でも複数回CM放送されています。耐熱ナノ・コンポジットポリ乳酸で幼児食器の射出成形の様子を動画で見ることができます。

Japan's Tech Innovations To Tackle Ocean Plastic - YouTube
https://www.youtube.com/watch?v=WxlqDkj6ozM

# 第2章

# プラスチックは 4 種類に分類される

# 第2章 プラスチックは4種類に分類される

## 2.1 4つの分類

1.2.5でも説明した通り、プラスチックは、原材料の由来と生分解の可否で種類分けをすると4種類に分類されます。図2-1は、横軸に生分解の可否を、縦軸に原材料の種類を取ってグラフ化したものです。グラ

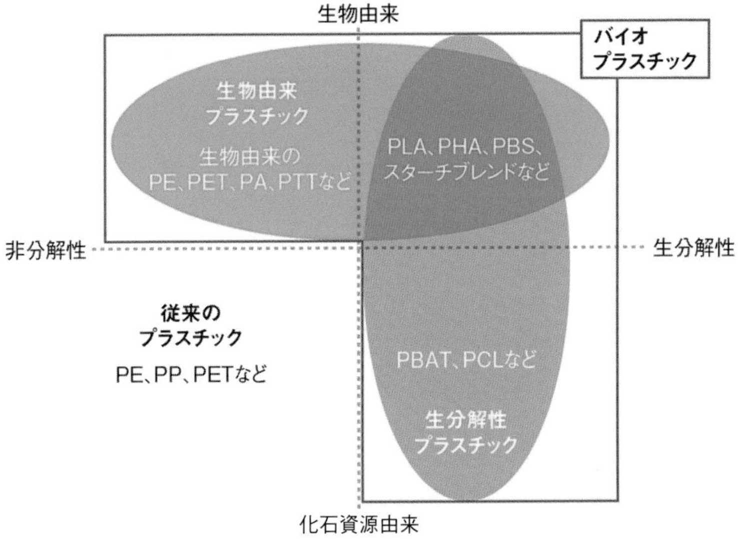


PA：ポリアミド
PBAT：ポリブチレンアジペートテレフタレート
PBS：ポリブチレンサクシネート
PCL：ポリカプロラクトン
PE：ポリエチレン
PET：ポリエチレンテレフタレート
PHA：ポリヒドロキシアルカン酸
PLA：ポリ乳酸
PP：ポリプロピレン
PTT：ポリトリメチレンテレフタレート

図2-1●プラスチックの4つの分類
（European Bioplasticsの資料を基に日経クロステックが作成）

フの左下にあるのが現在プラスチックとして広く認識されている化石資源由来かつ生分解しないプラスチック（**化石資源由来・非分解性プラスチック**）です。右上はバイオマス由来かつ生分解するプラスチック（**バイオマス由来・生分解性プラスチック**）、左上がバイオマス由来かつ生分解しないプラスチック（**バイオマス由来・非分解性プラスチック**）、右下が化石資源由来かつ生分解するプラスチック（**化石資源由来・生分解性プラスチック**）です。それぞれについて特徴を以下に説明します。



## 2.2　化石資源由来・非分解性プラスチック

化石資源由来・非分解性プラスチックは、原材料に石油や天然ガスなどの化石資源を使って合成したものです。現在、社会でプラスチックと認識されているものの 99.9 %はこれに分類されます。代表的な素材としてポリエチレン（PE）やポリスチレン（PS）、ポリエチレンテレフタレート（PET）などがあります。

商業化されて約 70 年の歴史があり、耐熱性や強度が高いプラスチックが多数開発されています。自動車部品や家電部品、建設資材などとして利用できる物性を持つ素材です。強度や難燃性を改良するためにガラス繊維や化学物質を混ぜる方法が多用されています。

廃棄時に燃焼処理によって地中の化石資源から大気中へ $CO_2$ を排出することになり、大気中の $CO_2$ 量を増大させて温暖化の原因となります。また、海洋へ流出してマイクロプラスチック化します。

このプラスチックは、強度や耐熱性などが必要な部品へ使用し、使用後は回収してリサイクルする循環の仕組みを整備しなければなりません。加えて、火力発電の燃料としてサーマルリサイクルする技術の開発や、廃棄プラスチックからナフサレベルへ化学処理して戻すケミカルリサイクル、生分解性プラスチックへの代替などの実現が求められます。

## 2.3 バイオマス由来・生分解性プラスチック

バイオマス由来・生分解性プラスチックは、原材料にバイオマスを使った、生分解できるプラスチックです。代表的な素材にはポリ乳酸（PLA）があります。このタイプのプラスチックの存在は1925年（大正14年）には知られていましたが、工業的に注目されて使用され始めたのは1994年（平成6年）頃です。

全般的に耐熱性が低く、強度などの物性も化石資源由来のものに比較すると弱い傾向があります。生分解した場合でも燃焼処理された場合でも、当初バイオマスに含まれていた炭素が$CO_2$として大気中へ戻ると考えれば、大気中の$CO_2$排出量は増加しません（ただし、バイオマスから合成する場合の電気の使用や、素材・製品の輸送にかかるガソリンなどから間接的に発生した$CO_2$の分は大気中で増加します。これは化石資源由来プラスチックでも同じです）。

コンポストや土中での生分解によって河川経由で海洋へ廃棄物が流出することを抑止できるので、マイクロプラスチックの発生源となることをシャットアウトできます。しかし、海洋へ直接投棄された場合などは、海洋中での生分解に時間がかかります。つまり、生分解までの期間はマイクロプラスチック化するため、海洋や河川への投棄（ポイ捨て）は控えなければなりません。



## 2.4 バイオマス由来・非分解性プラスチック

バイオマス由来・非分解性プラスチックは、原材料にバイオマスを使った、生分解しないプラスチックです。代表的な素材には、バイオポリエチレンやバイオポリエチレンテレフタレートなどがあります。従来は化石資源からしか合成できなかったポリエチレンなどを、科学の進歩によってバイオマスから取り出したメタンガスやエチルアルコールなどから合成することが可能になりました。

燃焼処理した場合でも当初バイオマスに含まれていた炭素が $CO_2$ として大気中へ戻ると考えれば、大気中の $CO_2$ 排出量は増加しません（ただし、バイオマスから合成する場合の電気の使用や、素材・製品の輸送にかかるガソリン消費などから間接的に発生した $CO_2$ の分は大気中で増加します）。一方で、海洋へ流出した場合はマイクロプラスチックとなります。

## 2.5 化石資源由来・生分解性プラスチック

化石資源由来・生分解性プラスチックは、原材料を石油や天然ガスなどの化石資源として合成されたもので、生分解するプラスチックです。代表的な素材は、ポリ・ブチレン・サクシネート（PBS）やポリ・グリコール酸（PGA）などです。

従来は、化石資源から合成されたプラスチックは、生分解しない素材ばかりでしたが、科学の進歩により生分解するタイプが開発されました。生分解の速度は、ポリ乳酸よりも早いタイプが多く、海洋中でも比較的生分解が早く進む傾向があります。しかし、生分解により発生する$CO_2$は化石資源に含まれていた炭素のため、大気中の$CO_2$排出量は増加します。

## 2.6　プラスチックを使い分ける知恵

以上のように、プラスチックには4種類のタイプがあることが分かったと思います。プラスチックは、軽量で強度が高く、透明で、電気を絶縁し、酸素の透過を遮断するなどのさまざまな特徴を有する多数の素材が開発されています。これからの時代は、使用される製品に求められる物性を満足し、かつ地球環境への負荷を増大させない使い方が求められるような社会になるでしょう。例えば、数年で生分解が進行してしまう自動車部品や、すぐに海洋で分解する漁網などは地球環境への負荷軽減には効果があったとしても、そもそもの製品の機能を発揮することはできません。これでは本末転倒です。

図2-2に生分解性プラスチックのライフサイクルを示します。

生分解性プラスチックに非分解性プラスチックを混合させるアイデアがありますが、多くの場合は生分解性の機能が失われ、マイクロプラスチック化してしまいます。逆に、非分解性プラスチックに生分解性プラ

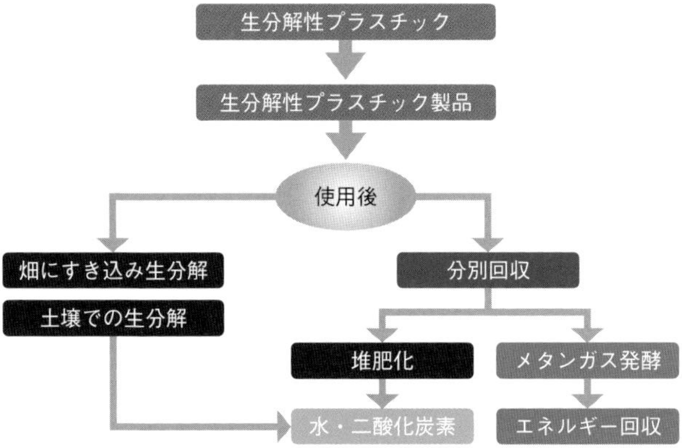


図2-2●生分解性プラスチックのライフサイクル
（出所：日本バイオプラスチック協会のWebサイト）

スチックを少しだけ混ぜて、全体があたかも生分解性を有するように効能を主張する素材もありますが、多くの場合は生分解せず、マイクロプラスチック化に至ります。

さらに、非分解性プラスチックにバイオマスや鉱物などの粉末を混合させて「バイオマス素材」と表記している複合素材がありますが、混合されている樹脂が非分解性プラスチックであることを明記しないと、消費者は生分解性がある素材と誤認する可能性が高いと言えます。バイオマスと表記しているので誤認しやすいのです。これらの素材は、廃棄後にどのように取り扱うのが適切かを説明する企業倫理が求められます。

生分解性プラスチックの素晴らしい機能を発揮させるためには、他の成分を混ぜた後の素材が生分解できるかどうかを、素材を提供する企業がきちんと確証を得て、その効果を明記して消費者が混乱しないようにする必要があります。

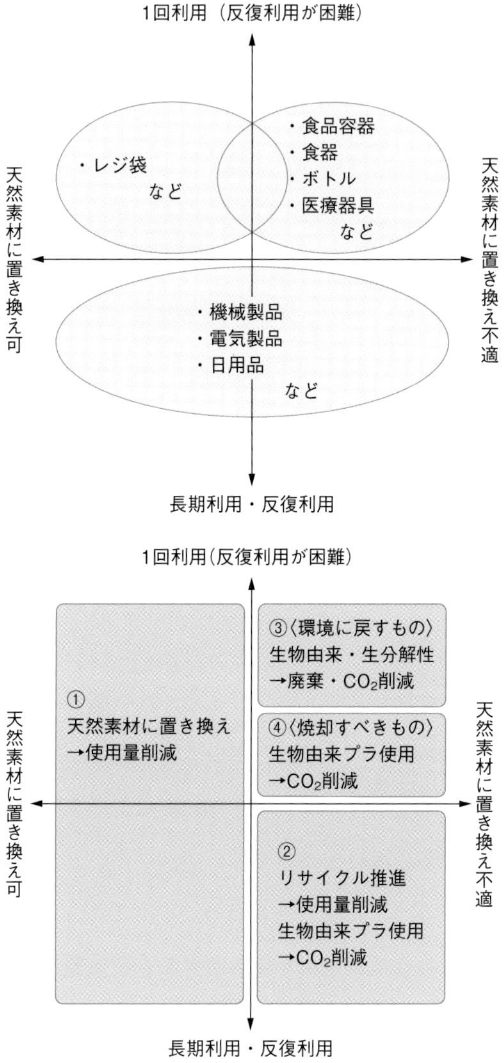


図2-3●海洋マイクロプラスチックと$CO_2$を削減する方法
プラスチック製品の性質に応じた方法を組み合わせる。（出所：日経クロステック）

今後は、用途や機能を満足させ、地球環境への負荷軽減を着実に実現できる製品開発や製品設計、リサイクルを含めたビジネスモデルの構築が必要です。プラスチックを使い分ける知恵が求められる時代になるでしょう。

図2-3に、海洋マイクロプラスチックと$CO_2$を削減する方法の参考資料を示します。

## 演習問題（実力を試してみよう）

**Q.1** プラスチックの4つの分類を答えなさい。

**Q.2** プラスチックの生分解性を消費者が見分けやすくするためにはどのような工夫が必要か、考えを述べなさい。

**Q.3** 大きく4つに分類されるプラスチックをどのように使い分けていくべきか、図2-2を参考にして自分の考えをまとめなさい。

◀ COLUMN ▶

### 海外向け日本政府国際広報誌「We Are Tomodachi, Winter 2019」

2019年1月にスイスで開催された世界経済フォーラム年次総会（ダ

ボス会議）で、日本政府が英語とフランス語、スペイン語で6000部配布した政府広報誌です。日本の生分解性プラスチックによるプラスチックゴミ削減への取り組み事例を紹介しています。内閣府大臣官房政府広報室が発行しました。

New Biodegradable Material Reduces Plastic Waste / The Government of Japan - JapanGov -
https://www.japan.go.jp/tomodachi/2019/winter2019/new_biodegradable_material_reduces.html

# 第3章

# バイオプラスチックとは

# 第3章 バイオプラスチックとは

## 3.1 バイオプラスチックの定義

ここまでの章でプラスチックは4種類に分類されることを説明し、「生分解」「バイオマス」「生分解性プラスチック」についても説明しました。ここでは新たな用語である「バイオプラスチック」について説明します。

新聞や雑誌などで「バイオプラスチック」という用語がしばしば使われますが、バイオプラスチックとはどういう定義でしょうか。恐らく、相当に興味があり、詳しく調べた人でなければ明確な説明はできないと思います。バイオプラスチックを生分解性プラスチックと勘違いしたり、バイオプラスチックは植物からしか作ることができないと理解していたりする人が大半です。

日本政府は、2018年6月19日に**第四次循環型社会形成推進基本計画**を閣議決定しました。この中で、「バイオプラスチックは、バイオマス由来のプラスチックと生分解性プラスチックの総称」と定義されました。つまり、バイオマス由来のプラスチック（生分解性と非分解性の双方が含まれる）と生分解性プラスチック（バイオマス由来と化石資源由来の双方が含まれる）の双方が該当します。

従って、バイオプラスチックには非分解性のプラスチックも含まれます。また、バイオプラスチックは、海洋マイクロプラスチックの削減に対して全ての種類で効果があるというわけではありません。

## 3.2　似て非なる名称　バイオプラスチックは全てが生分解するわけではない



このように紛らわしい名称であるため、日本の消費者に混乱が生じています。加えて、今の段階では、どれが生分解し、どれがバイオマス由来なのかが一目で分かるマーク制度の整備も十分と言える水準には到達していません。これからのサーキュラーエコノミー（循環型経済）を推進していく上で、科学技術が消費者に正しく理解されるための教育啓蒙の仕組みや、プラスチック製品リサイクルのルール整備も重要になってくるでしょう。

**バイオマスプラスチック**についても説明しておきます。バイオマスから作られるバイオマスプラスチックの利用の拡大は、以前から重要な課題として日本政府から提言されており、**バイオテクノロジー戦略大綱（2002年）**では2010年代の後半にはバイオマスプラスチックの利用の飛躍的拡大が大きな政策目標となっていました。枯渇の可能性が叫ばれている化石資源からしか作れなかったプラスチックを、植物など長くかかったとしても数十年の期間内で再生が可能なバイオマスによって生産できれば、化石資源の消費削減と、大気中の二酸化炭素（$CO_2$）量の抑制を実現できます。そのため、バイオマスプラスチックは、このコンセプトを代表する資材と認識されていました。

**日本バイオプラスチック協会（JBPA）**は、バイオマスプラスチックを「原料として再生可能な有機資源由来の物質を含み、化学的又は生物学的に合成することにより得られる高分子材料」と定めています（化学的に未修飾な天然有機高分子材料は除く）。従って、バイオマスプラスチックは、第四次循環環型社会形成推進基本計画で定義する「バイオマス由来のプラスチック」と同義語と考えてよいと思います。

## 3.3 効用の相違　化石資源使用量削減と海洋マイクロプラスチック削減

世界のプラスチック生産量は、1957 年から 2015 年までに累計 89 億 t に達しました。2018 年は年間 3 億 5900 万 t が生産され、今後も生産量は増加すると予測されています。この 89 億 t のうち、リサイクルされた量は 9 %（6 億 t）、焼却された量は 13 %（8 億 t）、埋設や海洋流出した量が 78 %（49 億 t）と推計されています。

これまで生産されてきたプラスチックは、化石資源由来・非分解性プラスチックが 99.9 %を占めていましたが、$CO_2$ 削減と海洋マイクロプラスチック削減に効果が期待されるバイオプラスチックの登場で、環境課題の解決に新しい道筋が開けてきました。

バイオマスプラスチックは、化石資源使用量削減（$CO_2$ 削減）に効果があります。生分解性プラスチックは、海洋マイクロプラスチック削減に効果があります。

しかし、前述のようにバイオマスプラスチックは化石資源使用量の削減（$CO_2$ 削減）に効果はありますが、海洋マイクロプラスチックの原因となるものも含まれています。

化石資源由来・生分解性プラスチックは、海洋マイクロプラスチック削減に効果がありますが、大気中の$CO_2$排出量を増大させます。双方の課題を一気に解決できる素材は、現在の科学水準では「バイオマス由来・生分解性プラスチック」だけです。

長所と短所の双方を持つ素材について長所の説明だけでは誤認を生じるため、短所の明確な説明が必要です。製品を生産し、流通させる側は、このことを倫理観の下で認識して、製品の廃棄時にリサイクルする方法が適切になるようにフェア（公明正大）で丁寧な表示が求められます。

## 3.4 生分解性プラスチックの生分解の仕方

生分解とは、単にプラスチックが細かくなることではなく、微生物の働きによって分子レベルで化学変化を起こし、最終的に$CO_2$と水になって自然界へ循環していく性質のことです。生分解を確認する試験方法は、国際標準化機構（ISO）や日本産業規格（JIS）によって規定されています。例えば、JIS K6953-1（プラスチック—制御されたコンポスト条件下の好気的究極生分解度の求め方—発生二酸化炭素量の測定による方法—）、ISO 14855-1（Plastics－Determination of the ultimate aerobic biodegradability of plastic materials under controlled composting conditions–Method by analysis of evolved carbon dioxide）などが規定されています。

また、日本には日本バイオプラスチック協会が認証制度を運営している**グリーンプラ識別表示制度**があります。生分解度は、国際的に規定された試験方法と定められた基準によって審査されるのです。

ここで、生分解性プラスチックが分解するメカニズムを説明しましょう。例としてポリ乳酸を取り上げます。

ポリ乳酸で出来た製品をコンポストへ埋めた場合、最初に発生するのは光分解です。太陽の紫外線のエネルギーと、同エネルギーに励起された種々の分子がポリ乳酸の分子鎖を切断します。

続いて、ポリ乳酸は、水分により加水分解を起こします。最初は、アルカリや酵素などの触媒分子が関与しない**単純加水分解**が起きます。

次に、アルカリや酸により加水分解が促進されます。これを**非酵素外部触媒的加水分解**と呼びます。この分解は、表面から薄皮を剥ぐように分解が進み、**表面分解機構**と呼ばれます。

その後、微生物が放出する分解酵素によって加水分解が促進されます。これを**酵素的加水分解**と呼びます。タンパク質分解酵素の一種である**プロテイナーゼ K** が良好に促進する酵素として知られています。こうした一連の加水分解により、ポリ乳酸は水に溶解するほどに低分子量化します。すると微生物の体内へ取り込まれて代謝され、$CO_2$と水（$H_2O$）に分解されます。これを**微生物分解**と呼びます。

生分解性の試験評価方法では、100 %生分解する素材だけを「生分解性あり」と評価するのではなく、規定の限度まで生分解した場合を「生分解性あり」と評価します。生分解性プラスチックの一部に材料製造工程で品質が不安定な部分が混ざっていたり、不純物が混入したりしていても実質的に生分解性を考える上で大きな支障がないと考えられる部分に、生分解せずに少量残存することを認めています。天然の木材や毛皮などでも硬い部分が生分解するのに10年くらいかかるのと同様の考え方でしょう。ただし、生分解しきれなかった部分に有害物質や有毒物質が含まれないことを保証することは倫理的に重要です。



## 3.5　バイオマス由来・生分解性プラスチックは$CO_2$を削減

生分解性プラスチックの中でも、バイオマス由来・生分解性プラスチックは原材料をでんぷんなどのバイオマスとし、菌による発酵を経て得られた素材を重合してプラスチック化します。そして、製品の使用後は生分解して$CO_2$を大気中へ放出します。しかし、そもそもの炭素はバイオマスに含まれていた分量なので、大気中の$CO_2$は差し引きゼロと考えることができます。これを**カーボンニュートラル**と呼びます。

これに対し、化石資源由来・非分解性プラスチックは、原材料を原油や天然ガスとするので、これらを地底から掘削して取り出します。さらに、精製工程を経てナフサやエチレンなどに変換し、重合してプラスチック化します。製品の使用後は、燃焼処理によって大気中に$CO_2$を放出します。この場合、$CO_2$は地中に蓄積されていた原油や天然ガスから新たに大気中に放出されたものなので、温暖化ガスの放出になります。

そこで、化石資源由来・非分解性プラスチックをバイオマス由来・生分解性プラスチックと代替して製品を作るようにすれば、大気中への温暖化ガスの放出量を削減することが可能です。

では、どのくらいの量の削減が見込めるのでしょうか。ここで試算してみましょう。

「原料からペレット製造まで」までに排出する$CO_2$（**エネルギー起源$CO_2$排出量**）の量と、「製品循環・廃棄時」に排出する$CO_2$（**非エネルギー起源$CO_2$排出量**）をそれぞれ計算してみます。**図3-1**にプラスチックの原料から製品加工、廃棄までの工程の模式図を示します。

計算例として、化石資源由来・非分解性プラスチックポリスチレン（PS）1kgをバイオマス由来・生分解性プラスチックであるポリ乳酸（PLA）に代替すると仮定します。

まず、**表3-1**および**表3-2**よって$CO_2$排出量と素材の比重を調べます。次にエネルギー起源$CO_2$排出量の差を計算します。

$$(1820\times1.05)-(502\times1.24)=1288.5(\text{kg-}CO_2/\text{t}) \cdots\cdots\cdots\cdots (1)$$

さらに、非エネルギー起源$CO_2$排出量の差を計算します。

$$(3380\times1.05)-(1830\times1.24)=1279.8(\text{kg-}CO_2/\text{t}) \cdots\cdots\cdots\cdots (2)$$

従って、総合的な$CO_2$排出量の差は、以下の通りです。

$$(1)+(2)=2568.3(\text{kg-}CO_2/\text{t})\quad 1\text{t}=1000\text{kg}\text{なので}$$
$$=2.5683(\text{kg-}CO_2/\text{kg})$$
$$\fallingdotseq 2.57(\text{kg-}CO_2/\text{kg})$$

この試算によれば、PSをPLAへ1kg代替すると2.57kgの$CO_2$を削減することが可能になります。実際の各工程の$CO_2$排出量は、使用する電力会社による電力使用量からの$CO_2$排出量換算や、工場間の移動距離による運搬時の$CO_2$排出量、重合やペレット化における電力使用量などの差によって変動します。これらの変動幅を考慮して筆者は、PS1kgを

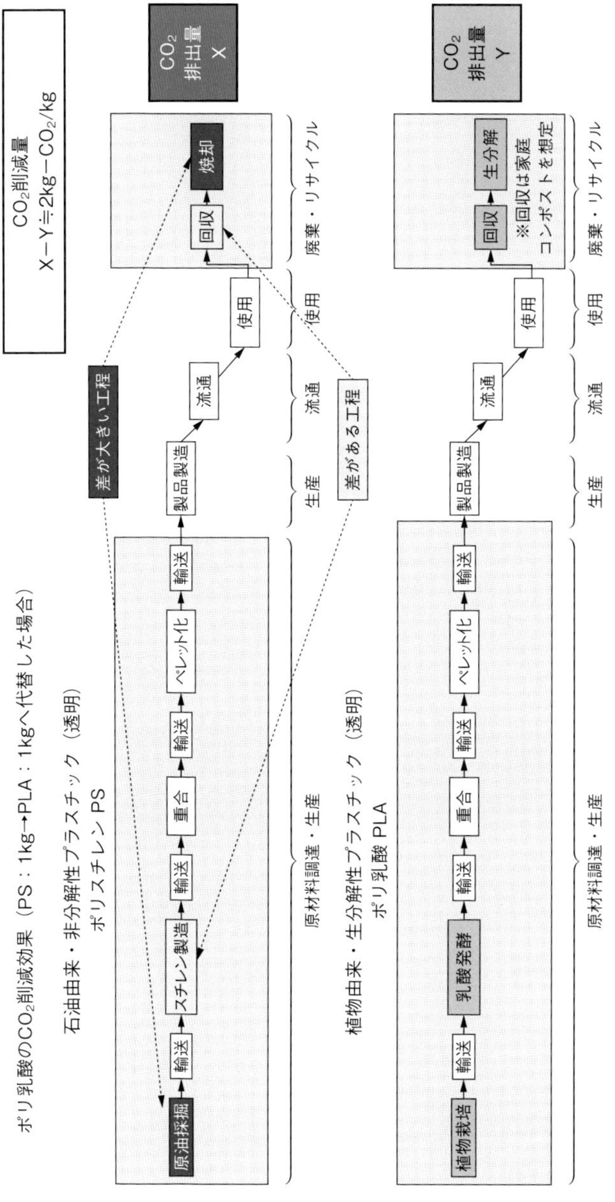


図3-1●プラスチックの原料から廃棄までのフローと$CO_2$の排出工程
（出所：小松技術士事務所）

表 3-1 ●エネルギー起源 $CO_2$ 排出量（参考値）
（作成：小松技術士事務所）

| プラスチックの種類 | 比重 | $CO_2$ 排出量(kg-$CO_2$/t) |
|---|---|---|
| ポリ乳酸（PLA） | 1.24 | 502 |
| ポリスチレン（PS） | 1.05 | 1820 |
| ポリプロピレン（PP） | 0.9 | 1490 |
| ポリエチレン（PE） | 0.91 | 1530 |

表 3-2 ●非エネルギー起源 $CO_2$ 排出量（参考値）
（作成：小松技術士事務所）

| プラスチックの種類 | 比重 | $CO_2$ 排出量(kg-$CO_2$/t) |
|---|---|---|
| ポリ乳酸（PLA） | 1.24 | 1830 |
| ポリスチレン（PS） | 1.05 | 3380 |
| ポリプロピレン（PP） | 0.9 | 3140 |
| ポリエチレン（PE） | 0.91 | 3140 |

PLA1kgへ代替した場合、2kg程度の$CO_2$を削減できると試算しています。

## 3.6 バイオマス由来・生分解性プラスチックの作り方

ここで、バイオマス由来・生分解性プラスチックの作り方を説明します。まず、原材料となるバイオマスを自然界から確保します。例えば、トウモロコシの実やサトウキビの茎を収穫したり、牛糞や鶏糞を回収したりします。

作ろうとする生分解性プラスチックによって原材料は異なります。でんぷんやブドウ糖を原材料とする場合と、牛糞などから取り出したメタンガスを原材料とする場合があります。

例として、ポリ乳酸を作る方法を説明します。**トウモロコシ**などからでんぷんを取り出して水を加えると、加水分解が始まり、ブドウ糖になります。**サトウキビ**の搾汁の場合は、搾汁を精製してブドウ糖を取り出します（なお、現在使用されているトウモロコシは人間の食用であるスイートコーンではなく、家畜の飼料である**デントコーン**を使っています。世界の家畜の餌が不足するような状況には至らない量しか使われていません。また、非可食の植物からでんぷんを採取する方法も研究されています）。

続いて、ブドウ糖に乳酸菌を混ぜて保温すると、数日～数週間程度で乳酸菌による微生物発酵が進み、乳酸になります。

ここで乳酸から水分を取り除くと、**オリゴマー**という物質へ変換されます。これをさらに触媒の力を借りて**ラクチド**という物質へ変換します。ラクチドはLラクチドとDラクチドという2種類ありますが、大半はLラクチドになります（なお、LラクチドとDラクチドは、化学構造は同じですが、右手と左手のように鏡に映った対称の関係にあります）。

最後に、ラクチドを開環重合という方法でポリ乳酸へ変換します（図3-2）。

ポリ乳酸は、加熱すると溶融し、冷却すると固化する性質がある**熱可塑性プラスチック**です。ポリ乳酸は**高分子構造**をしており、10万個くらいのポリ乳酸単量体が連なって分子になっています。ポリ乳酸の素材は、実際には米のような粒状の**ペレット**に加工されて袋入りで販売され、それを加熱して溶かして製品に加工します。

ポリ乳酸の耐熱温度は65℃程度です。ただし、LラクチドとDラク

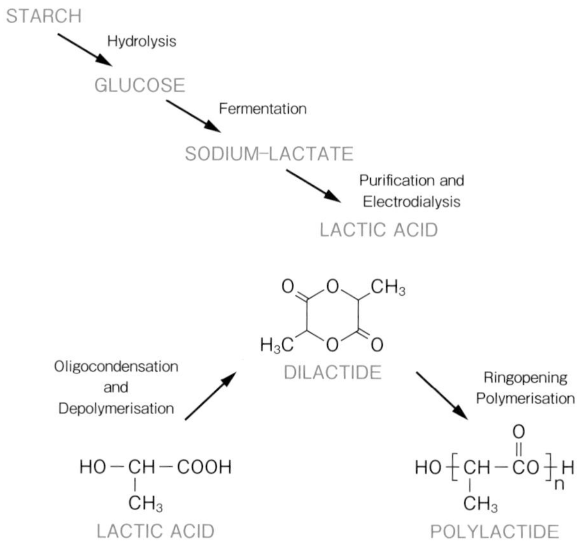


図 3-2 ●ポリ乳酸の合成方法
（出所：小松技術士事務所）

チドを組み合わせて重合されたポリ乳酸は、**ステレオコンプレックス・ポリ乳酸**と呼ばれ、耐熱温度が 135 ℃を超える素材として注目されています。

参考文献：

1）日本バイオプラスチック協会（http://www.jbpaweb.net/）．

2）Plastics-the Facts 2019，Plastics Europe．

3）鈴木剛，「プラスチック資源循環戦略とマイクロプラスチックを巡る化学物質管理に資する研究展開」，「第 35 回全国環境研究交流シンポジウム プラスチック問題と資源循環」，国立環境研究所資源循環・廃棄物研究センター，2020 年 2 月 13 日．

4）辻秀人，『ポリ乳酸 植物由来プラスチックの基礎と応用』，米田出版，2008 年 4 月．

## 演習問題（実力を試してみよう）

**Q.1** バイオプラスチックの定義を答えなさい。

**Q.2** 「カーボンニュートラル」とはどのような考え方か答えなさい。

**Q.3** ポリンスチレン 1kg をポリ乳酸 1kg へ代替した場合、どの程度の $CO_2$ を削減できるか答えなさい。

**Q.4** 1957 年から 2015 年までに世界で生産されたプラスチックの量は何 t か答えなさい。そのうち、リサイクルされた量、焼却された量、埋設や海洋流出した量の比率は、それぞれ何％と推計されているか答えなさい。

**Q.5** 石油由来・非分解性プラスチック 1kg をポリ乳酸 1kg に代替する場合、総合的な $CO_2$ 排出量の削減量を最大化できる組み合わせはどれか、計算により求めなさい。

◀ COLUMN ▶

**海外向け日本政府国際広報誌**
**「HIGHLIGHTING Japan, May 2020」**

科学技術／プラスチックゴミを削減するための低コストバイオプラス

チックの取り組み事例を紹介しています。英語と日本語、中国語で閲覧できます。内閣府大臣官房政府広報室が発行しました。

SCIENCE & TECHNOLOGY
Low-Cost Bioplastic to Reduce Plastic Waste
https://www.gov-online.go.jp/pdf/hlj/20200501/24-25.pdf

# 第4章

## バイオプラスチックの普及
## 現在・過去・未来

# 第4章 バイオプラスチックの普及　現在・過去・未来

## 4.1　バイオプラスチックの開発ヒストリー

プラスチックが社会へ浸透し、豊かな生活が実現した半面、枯渇資源である化石資源を原材料として作られ、廃棄時には大気汚染を生じさせていることが将来の社会問題になると考えられるようになってきました。そうしたことが認識されるにつれ、世界の科学者の間でバイオマスを原料としたプラスチックの合成法や、生分解するプラスチックの開発が地道に取り組まれてきました。

その結果、バイオマスからプラスチックを合成する方法や生分解するプラスチックの発見が進んできました。1925年（大正14年）にフランスで生分解する脂肪族ポリエステルが発見され、1932年（昭和7年）には米国で低分子量ポリ乳酸が発見されています。

その後、ポリ乳酸は、人体の手術用の縫合糸として利用されるようになりますが、大量生産が困難だったため、医療用途など限定的な利用にとどまっていました。しかし、1994年（平成6年）に米国の農業コンツェルンであるCargill（カーギル）がポリ乳酸の効率的な合成法を確立したことで大量供給が可能になり、バイオマス由来・生分解性プラスチックの普及のきっかけとなりました。その後、Cargillは、米国プラスチックメーカーのDow Chemical（ダウ・ケミカル）と合併会社Cargill Dow（カーギル・ダウ）を設立。現在の米NatureWorks（ネイチャーワークス）に継承しています。同時期には多様な生分解性プラスチックの事業化が欧州を中心に相次ぎます。

生分解性プラスチックは、通常のプラスチックと同様に使うことができ、使用後は自然界に存在する微生物の働きで、最終的には水と二酸化炭素（$CO_2$）に分解されます。コンポスト施設で有機性廃棄物と一緒に微生物分解を受けると、コンポスト（堆肥）として土壌改良材となるバイオリサイクル資材になります。そのため、今日のプラスチック廃棄物問題の切り札的存在として注目されています。

図 4-1 にバイオプラスチックの分類と2025年の世界市場でのシェア予測を示します。バイオマス由来・生分解性プラスチックとバイオマス由来・非分解性プラスチックの比率は、生分解性が60 %、非分解性が40 %と予想されています。シェア順位は、生分解性では［1］ポリ乳酸

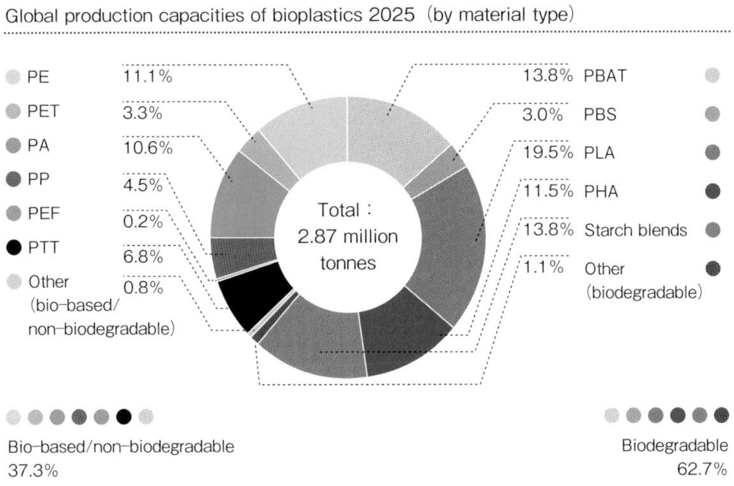


図 4-1 ●バイオプラスチックの種類と市場シェア
〔出所：European Bioplastics, nova-Institute（2020）〕

(PLA)、[2] ポリ・ブチレン・アジペート・コ・テレフタレート(PBAT)、[3] スターチベースと、非分解性では [1] バイオポリエチレン (PE)、[2] バイオポリアミド (PA) と予測されています。

## 4.2　バイオプラスチックの弱点

バイオプラスチックは良いことずくめのように感じられますが、当然、弱点もあります。物事は一方的な利点ばかりではなく、弱点も共有することがフェアな考え方です。ここではバイオプラスチックの弱点について考えていきましょう。

まず、強度について。一般に化石資源由来・非分解性プラスチックと比較すると化学構造が単純なため、強度は低いと考えてください。大きな力がかかったり、長期間の寿命を必要とされたりする部品への適用には十分な検討や工夫が必要です。

続いて、耐熱性が 100 ℃以下の素材が大半なので、熱湯や真夏の直射日光下で使用する製品には向いていません。耐熱性を改良するために石油由来・非分解性プラスチックと混合（ポリマーアロイ化）する方法はあります。しかし、生分解性を有する樹脂の場合は、混合比率にもよりますが、一般に生分解性は損なわれてしまいます。また、耐熱性を高める化学物質を混合する方法もありますが、生分解時にそれらが土壌や海洋へ残留して拡散されるリスクが指摘されています。天然素材を使った耐熱性向上もいくつかの方法が実用化されていますが、現時点では 140 ℃程度にとどまります。

次に、難燃性の課題があります。家電製品や自動車部品などでは電流や過熱による発火を防止するために難燃性が求められますが、バイオプラスチックの場合は炭素や酸素、水素が主成分のため、燃焼しやすいという性質があります。これを難燃化するためには化学薬品の混合が必要になり、生分解時にこれらが拡散されてしまうリスクがあるので、難燃性が必要な部品への適用は難しいと言えるでしょう。

続いて、製品寿命です。生分解性プラスチックの場合、材料にもよりますが1年以上の長期にわたって強度や質感を維持するためには工夫が必要です。生分解性プラスチックの製品寿命を長期化するためには、結晶化度を向上させるなどの手法が実用化されています。早期生分解性を求めるのか、長寿命を求めるのか、製品寿命の設計が重要になってきます。

次に、材料コストの課題があります。バイオプラスチックは、化石資源由来プラスチックと比較すると生産量にまだ100倍近く差があるため、生産コストが高い状況です。バイオプラスチックの生産量が増えると量産効果によって生産コストが下がる方向へ向かいますが、規模拡大には工場建設など、さまざまな理由で年単位の時間がかかります。原材料コスト競争力を改善するために、欧州では化石資源由来・非分解性プラスチックに課税を検討したり、バイオプラスチックの採用を推奨したりする政策で普及を加速化させる取り組みが検討されています。

最後に、加工性の課題があります。バイオプラスチックは市場に登場して15年程度しか経過していないため、射出成形やブロー成形などの加工法が十分に確立されていません。そのため、肉厚や寸法安定性などを求められる製品の量産で苦労しています。現在、これらの課題を解決する加工技術の開発が世界各国で進められています。

## 4.3　バイオプラスチックの普及状況と予測

バイオプラスチックは、気候変動を抑止し、海洋マイクロプラスチックを削減しつつ、プラスチックの利便性を損なわない製品を実現できます。今後は、さらに使い方の工夫が進み、需要が伸びていくことは間違いありません。

今後のバイオプラスチックの普及予測を見てみましょう。**図 4-2** は、世界のバイオプラスチックの生産量の予測です。2019 年の時点で 195.2 万 t 生産され、生分解性が 90.1 万 t、非分解性が 105.1 万 t でした。2025

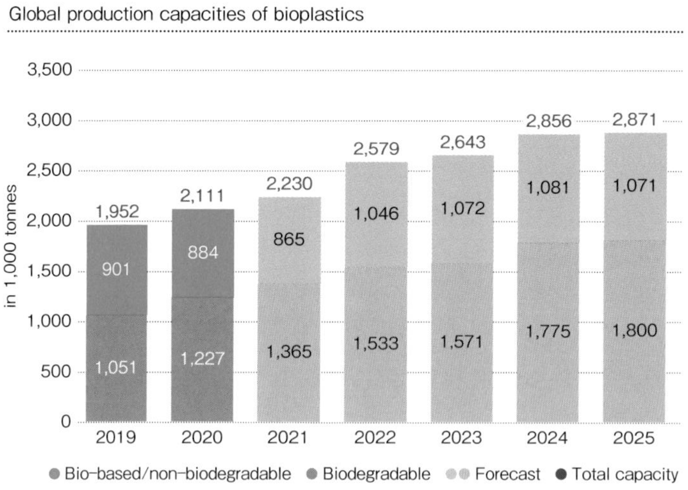


図 4-2 ●バイオプラスチックの生産予測（世界市場）
〔出所：European Bioplastics, nova-Institute (2020)〕

年の予測は47 %増の287.1万tと予測され、生分解性は71.3 %増の180万tと予測されています。

日本国内の生産量の推計は、2019年にバイオプラスチック全体で4万6650tです。そのうち、ポリ乳酸が5000t、ポリ・ブチレン・サクシネート（PBS）やPBAT、スターチブレンドなどの生分解性プラスチックが4300tと推計されています〔European Bioplastics, nova-Institute (2020)〕。

第4章

## 演習問題（実力を試してみよう）

Q.1　生分解性プラスチックが最初に発見された年は何年か答えなさい。また、バイオマス由来・生分解性プラスチックの普及のきっかけとなった年は何年か答えなさい。

Q.2　バイオプラスチックの生産コストが高い理由を答えなさい。

Q.3　耐熱性を改良するために行う「ポリマーアロイ化」などの方法を使う際の問題点を説明しなさい。

Q.4　2025年の生分解性プラスチックの世界市場シェア予測で、第1位から第3位までの種類を答えなさい。

Q.5 バイオプラスチックの課題をまとめなさい。

# 第5章

## バイオプラスチックは世界の注目テーマ

# 第5章 バイオプラスチックは世界の注目テーマ

## 5.1 G20（金融・世界経済に関する首脳会合）での取り上げ

2019年6月、**G20**（Group of Twenty；20カ国・地域）**大阪サミット**が開催されました。同サミットでは、2050年までに海洋プラスチックゴミによる新たな汚染をゼロにすることを目指す**大阪ブルー・オーシャン・ビジョン**の実現に向け、安倍晋三首相（当時）が日本は発展途上国の廃棄物管理に関する能力構築およびインフラ整備などを支援していくことを表明しました（図5-1）。

これを踏まえ、日本政府は［1］廃棄物管理（Management of Wastes）、［2］海洋ゴミの回収（Recovery）、［3］イノベーション（Innovation）、［4］能力強化（Empowerment）に焦点を当てた、世界

図5-1●G20大阪サミット2019首脳会合の様子
（出所：外務省のWebサイト）

全体の実効的な海洋プラスチックゴミ対策を後押しすべく、マリーン（MARINE）・イニシアティブを立ち上げると表明しました。廃棄物管理や海洋ゴミの回収およびイノベーションを推進するために、具体的な施策を通じて発展途上国における能力強化を支援していくと宣言したのです。

## 5.2 国連での取り上げ

2002年6月、日本政府は国連気候変動枠組み条約第3回締約国会議（COP3）で1997年に採択された京都議定書を批准しました。地球温暖化に対する具体的施策として日本政府が表明した最初の動きです。その後、世界にも大きな影響を与えました。

2002年12月には具体的に政策を推進するためにバイオテクノロジー戦略大綱とバイオマス・ニッポン総合戦略を、日本の2大戦略として発表しました。地球温暖化とそれに伴って発生する多くの異常環境を抑制しつつ、枯渇の危険性が叫ばれる化石資源の使用削減を推進するために、バイオ技術を有効活用して再生可能資源である「バイオマス」の活用を進めようという方針でした。

2020年5月5日には、国連環境計画（UNEP）のライフサイクルイニシアチブが厳しい表現で生分解性プラスチックを批判する報告書を公開したと報じられました（図5-2）。そのサマリーは「生分解性プラスチックは最悪の選択肢になる可能性がある」ということでした。かつてUNEPは2015年にも「生分解性プラスチックはどこに捨ててもよいと

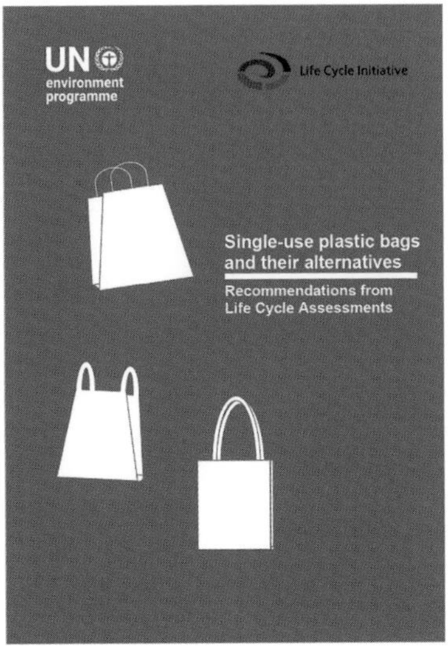


図5-2●UNEPライフサイクルイニシアチブによる報告書（2020年5月5日付）
（出所：UNEP Life Cycle Initiative; "Single use plastic bags and their alternatives – Recommendations from Life Cycle Assessments".）

いったモラル低下を引き起こす」など批判的な文書を公開していました。しかし、同報告書をよく読むと分かるのですが、UNEPの生分解性プラスチック批判は海洋マイクロプラスチック問題とは直接関係がありません。「最悪の選択肢になる可能性」の理由は「気候への影響（地球温暖化）、（残留する有機物などによる）酸性化、富栄養化、毒性」と記しています。

生分解性プラスチックは本来、水と二酸化炭素（$CO_2$）に分解できるはずです。それでもなぜ「最悪」と言われたり、残留物が問題になったりするのか。それは「綿、紙、生分解性プラスチックは（単純な土中への）埋め立て処理では（温室効果の大きい）メタンを生じる」（同報告書）からというのです。埋め立て処理では不完全な分解しかできないため、それしか選択肢がない国や地方では推奨できないというのがUNEPの主張でした。

しかし、埋め立てによって不十分な分解とメタンの発生が起こり得るのは、綿や紙などの天然素材も同様です。東京農工大学教授の高田秀重氏や筆者は、当初から「生分解性プラスチックの普及と並行してコンポスト設備の整備が必要」と強く主張しています。コンポスト設備は50～60℃程度で微生物を活発に活動させ、土壌中や海水中に比べてずっと速く生分解性プラスチックを分解します。この点でUNEPの報告書と筆者らの認識に食い違いはありません。

世界中の環境問題やバイオプラスチックのメディア報道は、報道する個人（執筆した記者やTV番組プロデューサーなど）の科学認識の水準によって大きく変わります。科学認識の低いメディアにより、バイアスがかかった報道になるケースが頻発しています。従って、報道を鵜《う》呑《の》みにせず、信頼できる情報リソースと照らし合わせながら適否を確認する姿勢が大切です。本来であれば、メディア側が情報の信頼性を多方面からチェックする機能を備えるべきですが、そうなるまでにはしばらく時間がかかるだろうと筆者は感じています。

## 5.3 世界各国のバイオプラスチック普及の取り組み

### 5.3.1 欧州連合（EU）

欧州連合（EU）は、2018年1月16日に**循環経済におけるプラスチックに関する欧州戦略**を発表しました。その主要事項は次の通りです。

・2030年までに全プラスチック包装材料の再生利用、リサイクルを可能にする。
・2030年までにEUで発生するプラスチック廃棄物の50 %以上をリサイクルする。
・2025年までに使い捨てプラスチック製品は原則禁止する。
・生分解性プラスチックについて定義と製品ラベリングに関する共通ルールの策定。

EUは**酸化型分解性プラスチック**（あるいは**オキソ分解性プラスチック**とも呼ばれている）の使用を制限すると宣言しました（酸化型分解性プラスチックは生分解性プラスチックではありません）。EUは、プラスチックの世界第2位（第1位は中国、第3位は米国）の生産地域である一方、地球温暖化による気候変動や、海洋のマイクロプラスチック汚染に対する取り組みに積極的で、バイオプラスチックの開発や活用について世界を主導しています。また、「イスラム国（IS)」による無差別テロや、英国のEU離脱（ブレグジット）などさまざまな社会課題と直面しています。

こうした中、2020年7月に欧州評議会は、リサイクル不可能なプラスチック包装ゴミに対し、2021年1月から1kg当たり0.8ユーロ（約100円）の課税を検討すると表明しました。ポリエチレンなど、該当するプラスチックの価格は1kg当たり200円程度ですので、30％程度の価格上昇になる計算です。生分解性プラスチックはこの課税対象から外れる方向で検討されているようです。この課税には、リサイクルを促進させる目的と、英国のEU離脱による分担金収入の欠損を穴埋めする政治的な目的がリンクしていると考えられています（2020年2月執筆時点で課税は実施されていません）。

ところで、欧州におけるマイクロプラスチック海洋汚染は、地中海とバルト海が特に深刻であり、EU各国は課題を共有しながら対策を模索してきました。実行策の大きな方向性としては、［1］非分解性の樹脂廃棄物の発生を極力抑制する、［2］使い捨てではなくDurable（耐久性がある）な製品を推奨する、［3］廃棄樹脂を再生活用する、［4］生分解性素材の採用を進める、といった4つの筋道が挙げられています。一方で、マイクロプラスチックが最も発生している地域はアジアであることを指摘しており、その量は世界全体の60％に及んでいると分析しています。EUは、世界のプラスチックに関する規制をリードする戦略を考えているのです。

また、EUは2050年までにEU域内で排出される温暖化ガスを実質ゼロにする目標で合意したと2019年11月に発表しています。これは世界で初めての温暖化ガス削減の具体的な目標となりました。

### 5.3.2 フランス

フランスは、農業が盛んでワインやオーガニック作物の保護に対する規制が厳しいことでも知られています（図 5-3）。化学物質やプラスチック廃棄物の規制も欧州の中では厳格な国です。近年は、温暖化によるアルプス山脈の氷河の消滅や熱波、セーヌ川の洪水などの気候変動も顕在化しています。

国連気候変動枠組み条約第 21 回締約国会議（COP21）における「パリ協定」の発効（2016 年 11 月 4 日）や、2016 年 G7 伊勢志摩サミットにおける Marine Litter（海洋ゴミ）問題の議論などの流れに沿って、2016 年 9 月に「エネルギー転換法」（2015 年 7 月 22 日制定）に基づく法律を制定。全ての使い捨て食器について、使用する素材の 50 %以上を家庭用コンポストで生分解可能とすることを義務付ける法律です。これが 2020 年 1 月から施行されました。この法律により、従来のポリスチレン（PS）製やポリエチレン（PE）製の使い捨て食器類は使用禁止

図 5-3 ●フランス国会議事堂
（出所：フランス国民議会）

となり、罰則規定も付属されました（罰則には禁固刑も含まれています）。さらに、2025年には生分解性素材の使用比率を60％に引き上げる見通しです。

その前段として、2016年7月から化石資源由来・非分解性プラスチックの買い物袋の使用がフランス全土で禁止されました。COP21のパリ協定にその首都名を冠するフランスは、世界に先駆けて生分解性素材の採用を促す法制度を整備し、環境政策先進国へ向けて舵《かじ》を切りました。



筆者は2017～2020年にかけてパリやリヨン、ニースなどを訪れ、市街のスーパーマーケットや商店でその実施状況を確認しました。化石資源由来・非分解性プラスチックの買い物袋は姿を消し、紙袋やマイバッグの持参が日常化していて、化石資源由来・非分解性プラスチックの使い捨て食器はほとんど流通していませんでした。

フランスの石油メジャーであるTotal（トタル）は、プラスチックの規制に関連して新しいビジネスモデルの創出にいち早く着手し、オランダの乳酸メーカーであるCorbion（コービオン）とポリ乳酸製造の合弁企業Total Corbion PLA（トタルコービオンPLA）を設立しました。同社はポリ乳酸（PLA）の製造プラントをタイに建設し、7万5000t/年規模の生産を2020年にスタートさせて日本へも輸出しています。さらに2010年9月にフランス国内に10万t/年規模のプラント建設を表明しました。フランスは、政治や法規制と産業界が連携しながら世界的視野で生分解性プラスチック市場の主導権争いをリードしています。

### 5.3.3 ドイツ

ドイツは、EUの中でフランスと並んで最も工業力が高く、自動車産業やエレクトロニクス産業、医療、プラスチック分野の世界的リーダーです。

ドイツ議会の決定に基づき、ドイツ政府機関「食料・農業・消費者保護省」がスポンサーとなって運営している法人・専門事業団FNR（Fachagentur Nachwachsende Rohstoffe；再生可能な原料）は、ポリ乳酸をはじめとする生分解性プラスチックやバイオプラスチックの射出成形、真空成形などの加工プロセスについてのガイドブックを発行し、産業界への普及を図っています。FNRは、1993年に再生可能な原料の奨励のために専門知識を集積する団体として設立されました。ドイツ国内に4つのパートナー組織を有しています。IfBB（Institute for Bioplastics and Biocomposites、ハノーバー）とSKZ（German Plastic Center、ビュルツブルグ）、IAP（Fraunhofer Institute for Applied Polymer Research、 ポツダム）、SLK（Department of Lightweight Structures and Polymer Technology, Technical University Chemnitz、ケムニッツ）です（図5-4）。

ドイツの鉄鋼最大手ThyssenKrupp（ティッセンクルップ）の関連会社であるThyssenKrupp Industrial Solutions（ティッセンクルップ・インダストリアル・ソリューションズ）は、2020年に中国南部に3万t/年のポリ乳酸（PLA）プラントを建設すると発表しています。ドイツ国内で展開する欧州最大の科学技術分野における応用研究機関であるフ

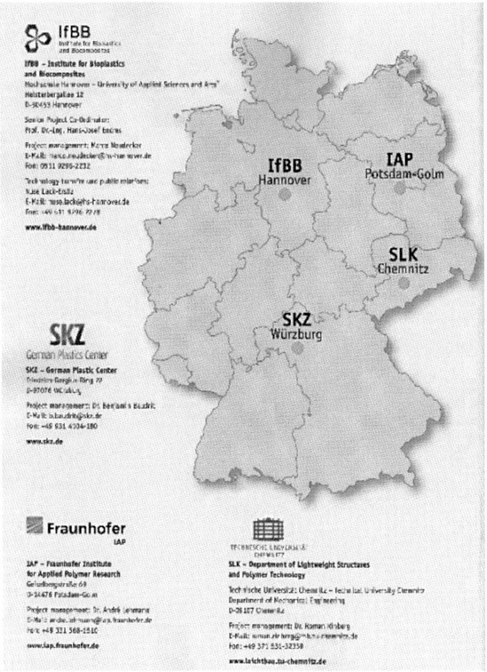


図 5-4 ●FNR のドイツ国内パートナー組織
（出所：FNR）

ラウンホーファー研究機構では、Fraunhofer ICT（化学技術研究所）がポリ乳酸の強度や耐熱性を改良する研究を進めています。麻繊維やココナッツ繊維を混合させた素材や、ガラス繊維を混合させた素材について開発や加工技術の実用化研究を行っています（図 5-5）。

半世紀以上にわたって 3 年の会期で開催されている世界最大規模のプラスチック・ゴムに関する国際見本市 K では、2016 年の「K2016」に FNR が非耐熱グレードのポリ乳酸を射出成形機で成形する実演を行いました（図 5-6）。また、FNR はフランスのヨーグルト・食品製造販売

図 5-5 ●「K2019」における Fraunhofer ICT のポリ乳酸と天然繊維／ガラス繊維強化材
（出所：小松技術士事務所）

図 5-6 ● K2016 における Marine Litter パネルディスカッションの様子
画面はドイツ環境・自然保護・建設・原子力安全省 海洋環境保護・海水保護国際法務部 水マネジメントダイレクターHeike Imhoff 氏（出所：日経クロステック）

図 5-7 ●K2016 における FNR の展示（Danone のポリ乳酸製ヨーグルトカップ）
（出所：小松技術士事務所）



の大手企業Danone（ダノン）が手掛けるヨーグルトブランド「ACTIVA」のポリ乳酸薄肉容器も展示しました。容器はポリ乳酸シートを真空成形で加工し、蓋は紙シートの裏面にポリ乳酸をラミネートした構造のようです。Danoneは、この容器をドイツとスイス向けの製品に投入しており、容器回収とメカニカルリサイクル（再ペレット化）の社会実験も試行しています（図 5-7）。

### 5.3.4　英国

英国環境・食糧・農村地域省（Defra）は、英国政府が2021年4月からレジ袋の有料化を全ての小売業者に拡大するとともに、料金を現在の5ペンスから10ペンス（約13円）に引き上げると表明しています。2015年に導入されたレジ袋の有料化は、250人以上の従業員を雇用する小売業者に適用され、主要スーパーマーケットにおけるレジ袋の販売量を95 %削減しています。英国の浜辺で投棄されたレジ袋の数が60 %以上減少した模様です。

英国では海と海洋生物を守るために、国を挙げてプラスチック廃棄物の削減に取り組む姿勢がみられ、使い捨て飲料容器のリサイクルを促進するデポジット返金制度の導入検討などが行われています。2020年10月からはプラスチック製のストローやマドラー、綿棒の供給が禁止されました。再生プラスチックの利用拡大のために、2022年4月からはリサイクル率30 %の最低基準を満たしていないプラスチック包装に対して課税を検討する計画が持ち上がっています。

Defraによると、英国とバヌアツが主導する海洋プラスチック汚染対策のための政府間協力イニシアチブ「英国連邦クリーン・オーシャン同盟（Commonwealth Clean Oceans Alliance：CCOA）」に、ニュージーランドとスリランカ、ガーナが参加。CCOAを主導する英国とバヌアツの両国は、他の英連邦諸国に対してもマイクロビーズの禁止や使い捨てレジ袋、プラスチックゴミの削減などの対策を講じるよう促していくようです。英国は、汚染防止に関する調査研究やプラスチックゴミの海洋流出対策のための政府予算化を行っています。

### 5.3.5 米国

米国は、世界のプラスチック産業の中心的な存在であり、石油化学による非分解性プラスチックの提供を長年担ってきました。Dow Chemical（ダウ・ケミカル）やDuPont（デュポン）、General Electric

〔ゼネラル・エレクトリック；GE、現在のSabic（サビック）〕などが、安価で高品質のプラスチックを大量生産してきました。米国は、使い捨てプラスチック製品の流通を先導してきた経緯があります。

気候変動に関しては経済活動を優先し、国際協調へ同調しない時期が長かったのですが、民主党のオバマ政権後期にニューヨークにハリケーンが直撃したことによって社会意識が変革した経緯もあり、電撃的にパリ協定への参加を決定。温暖化ガス削減への取り組みやポリ乳酸（PLA）生産拠点の整備などを積極的に行ってきました。

3年会期で半世紀にわたって開催されてきた北米最大のプラスチック展 **NPE** では、2015年（オバマ政権時代）の「NPE2015」における開会式直後のセレモニーにおいて、ゴミゼロファッションショーが開催されました。ポリ乳酸繊維や生分解性プラスチックを使ったさまざまな衣装が多数のファッションモデルにより華やかに披露されました（**図5-8**）。

ところが、2017年に共和党のトランプ政権に代わった直後、米国はパリ協定からの離脱を表明。温暖化ガスの削減や海洋プラスチックゴミ対策には消極的な4年間が経過しました。

その後、2020年11月に行われた大統領選挙では民主党のバイデン候補が勝利。2021年1月に米国の大統領に就任しました。バイデン氏はオバマ政権下で8年間副大統領を務めていました。トランプ大統領が脱退を表明したパリ協定への復帰を大統領就任当日に表明。4年間で環境・エネルギー政策に200兆円規模の投資を検討すると宣言しました。EUが表明した、2050年までに域内で排出される温暖化ガスを実質ゼロにする目標に同調し、米国も環境重視政策へと舵を切ることで、世界の成

図 5-8 ●NPE2015 の Pursuing Zero Waste Fashion Show におけるバイオプラスチック繊維製オートクチュール
〔出所：米プラスチック工業会(SPI：The Plastics Industry Trade Association)〕

長主要地域である米国・欧州・日本・中国の足並みがようやくそろうことになりました。

### 5.3.6 中国

世界で最もプラスチックゴミを排出しているのが中国です。その排出量は日本の約 7.5 倍です。一方で、EU や米国、日本などから「資源ゴミ」という区分けで大量のプラスチックゴミが中国へ輸出されていた事実もあります。2017年11月から中国はプラスチックゴミの輸入を禁止しました。

人口が約14億人の中国では、消費されるプラスチックの量は膨大で、その運用方法は、世界の気候変動や海洋汚染に大きな影響を与えます。2020年1月、国家発展改革委員会は「プラスチック汚染対策の一層の強化に関する意見」を発表しました。その概要は、プラスチック買物袋の生産・販売禁止、廃プラスチックの輸入禁止、2020年末までに使い捨ての食器類および綿棒の生産・販売禁止、プラスチック袋や使い捨て食器などについては地域や業種などに応じて段階的に使用を削減・禁止、生分解性包装の使用推奨、生分解性フィルムの農業用途への使用促進、です。

北京市では2020年5月からレジ袋の無料提供への監視を強化している他、レストランなどで使い捨て食器の自発的な提供を禁止しています。また、中国国内で生分解性プラスチックを生産する取り組みが始まっていますが、品質管理の課題があります。

### 5.3.7 インド

インドは13億5000万人の人口を抱えており、プラスチック消費量も年々増加しています。2019年10月、モディ首相は西部グジャラート州にあるガンジー・アシュラムで演説し、2022年までにプラスチック製カップやストロー、皿、ビニール袋、小型ペットボトル、特定の個別包装などの利用を全国で禁止する取り組みを始めると宣言しました。建国の父であるマハトマ・ガンジーの生誕150年の日を「クリーン・インディア・デイ」と名付けました。

## 5.4　日本の最近のバイオプラスチック普及への取り組み

### 5.4.1　2000 年前半の取り組み

日本におけるバイオプラスチック普及への取り組みは、既述の通り 2002 年 12 月に「バイオテクノロジー戦略大綱」「バイオマスニッポン総合戦略」が政府の 2 大戦略として発表されました。2005 年には**愛・地球博（2005 年日本国際博覧会）**が愛知県で開催されました。これに関し、小泉純一郎首相（当時）は第 162 回国会の施政方針演説で「植物から作られ、分解されて土に還《かえ》る食器を使用するレストランが（愛・地球博で）店を出します」と述べています（**ナノ・コンポジットポリ乳酸**の食器）。

このように、日本では世界に先駆けてバイオプラスチックの普及へ官民を挙げて取り組んでいました。ところが、2008 年にリーマン・ショック、2011 年に東日本大震災が発生し、日本の経済は未曽有の大打撃を被りました。こうした社会情勢から、コストが割高であるバイオプラスチックの普及への取り組みは徐々にトーンダウンしていったのです。

その後、気候変動が大きな国際課題として浮上し、海洋プラスチックゴミ問題も国際的な重要課題にクローズアップされてきました。バイオプラスチックへの取り組みの主導は EU に移り、米国はトランプ大統領の登場によってパリ協定からの離脱を決め、地球環境問題解決の気運は膠着状態に陥っていきました。

## 5.4.2 2019年の取り組み

2019年6月にG20サミットを史上初めて日本（大阪）で開催するに当たり、日本政府は、2019年（令和元年）5月31日に3R＋Renewable（再生可能資源への代替）を基本原則としたプラスチックの資源循環を総合的に推進するための戦略「プラスチック資源循環戦略」を策定しました。2018年の第四次循環型社会形成推進基本計画を踏まえ、資源・廃棄物の制約や海洋プラスチックゴミ問題、地球温暖化、アジア各国による廃棄物の輸入規制などの幅広い課題に対応するためです。

プラスチック資源循環戦略では、プラスチック再生素材市場の拡大や、バイオプラスチックの実用性向上と化石資源由来プラスチックとの代替促進を図るため、それらの利用ポテンシャルを高めるとともに、総合的な需要喚起策などを講じると述べています。

バイオプラスチックへの代替を進める上では、**環境・エシカル（倫理的）**などの論点に対応するとともに、生産体制から製品ごとの利用ポテンシャルまで、サプライチェーンの構築を計画的に行うことが重要であると記しています。このために、バイオプラスチック導入ロードマップを策定。各製品・素材の特性や、利用実態やそのポテンシャルを踏まえ、バイオプラスチックの導入に向けた基本的な方針や、生産設備・技術開発支援、政府率先調達などによる需要喚起などの必要な施策を整理しました。このロードマップに基づいて施策を展開すると述べています。

循環型社会形成のための指標・数値目標一覧の中では、バイオマスプラスチック国内出荷量を2030年197万tと明記。2020年の推計は3万

〜5万t程度であるとみられ、40〜65倍もの代替使用量増加を目指すことになります。

これを受け、環境省が2019年度（令和元年度）から5年間、「脱炭素社会を支えるプラスチック等資源循環システム構築実証事業」をスタートさせ、バイオプラスチックの社会実装の実証事業の補助金事業を展開しています。

### 5.4.3 2020年以降の取り組みの見通し

2020年11月20日には、産業構造審議会産業技術分科会廃棄物・リサイクル小委員会プラスチック資源循環戦略ワーキンググループ（経済産業省）中央環境審議会循環型社会部会プラスチック資源循環小委員会（環境省）合同会議が、「**今後のプラスチック資源循環施策のあり方について**（案）」を公表。2021年1月29日に中央環境議会から環境大臣へ意見具申されました。この中では、以下の「考え方」が示されています。

**Ⅰ．考え方**

「プラスチック資源循環戦略」（令和元年5月31日。以下「戦略」という。）では、その展開を通じて、国内でプラスチックを巡る資源・環境両面の課題を解決するとともに、日本モデルとして我が国の技術・イノベーション、環境インフラを世界全体に広げ、SDGs（持続可能な開発のための2030アジェンダ）でも求められている地球規模の資源・廃棄物制約、海洋プラスチックごみ問題、気候変動問題等の同時解決に貢献し、資源循環関連産業の発展を通じた経済成長・雇用創出など、新たな成長の源泉としていくこととしている。

また、回避可能なプラスチックの使用は合理化した上で、必要不可欠な使用については、より持続可能性が高まることを前提に再生可能性の観点から再生素材や再生可能資源に適切に切り替え、徹底したリサイクルによる再生利用、それが難しい場合には熱回収によるエネルギー利用を図ることとしている。その際には、経済性及び技術可能性を考慮するとともに、製品・容器包装の機能確保との両立を図ることとしている。こうした取組の推進に当たっては国民レベルの分別協力体制や、優れた環境・リサイクル技術など我が国の強みを最大限生かし、伸ばしていくとともに、関係主体の連携協働や技術・システム・消費者のライフスタイルのイノベーションを推進し、我が国経済の成長を実現していくことを基本原則として掲げた。

戦略の策定以降、従来の取組に加えて、こうした“3R + Renewable”の基本原則に沿った形で、事業者、地方公共団体、NGO 及び消費者等の幅広い主体において、創意工夫に基づくプラスチック資源循環の一層の高度化に向けた先進的な取組が進められている。

我々の生活の中でその有用性から幅広い製品や容器包装にあまねく利用されているプラスチックという「素材」に着目して資源循環を進めるには、多様な主体が自ら参画し、相互に連携しながら、効率的な循環を可能とする環境整備を進めることが必要である。更には、こうした取組が一部に留まるのではなく、資源循環の取組の輪を広げ、戦略の実現に向けて、適切にPDCAを回していくことが必要である。

同時に、新型コロナウイルスの感染拡大の影響により、衛生目的を中心としたプラスチックの果たす役割が再認識されるとともに、エッセンシャルユースの増加などプラスチックの排出実態の変化等も生じている。また、このような状況を踏まえれば、回避可能なプラスチックのリデュースの徹底をはじめとする“3R＋Renewable”の基本原則に沿った対応がこれまでにも増して重要となる。こうした事情も適切に　織り込みつつ、循環システム構築への道筋を具体化していくべきである。

こうした考え方を踏まえ、資源循環の高度化に向けた環境整備の具体化を通じて、循環経済への移行に向けた再設計（Redesign）を進め、①資源・廃棄物制約、「大阪ブルー・オーシャン・ビジョン」の実現に向けて取り組む必要がある海洋プラスチックごみ問題、2050年カーボンニュートラルの実現に向けて取り組む必要がある気候変動問題等の同時解決に貢献することはもとより（環境面）、②プラスチック資源循環への貢献をグローバル市場における中長期的な競争力の確保につながる我が国の新たな成長エンジンと捉え、中小企業を含むあらゆる企業にとっての成長分野として投資ができる環境整備を進め（経済面）、③少子高齢化への対応や消費者のライフスタイル変革を促すことで（社会面）、「環境、経済、社会の三方よし」を目指していく。

また、主な施策として以下を掲げています。

### Ⅱ. 主な施策

#### 1. リデュースの徹底

戦略では、ワンウェイのプラスチック製容器包装・製品について、回避可能なプラスチックの使用を削減するため、過剰な使用の削減や、代替可能性が見込まれる場合には、その機能性を保持・向上した再生材や紙・バイオマスプラスチック等の再生可能資源への適切な代替を促進することとしている。

また、新型コロナウイルスの感染拡大の影響から、「新たな生活様式」において、衛生目的を中心にワンウェイであることが不可欠な用途があり、ワンウェイのプラスチックの役割が再認識されていることも踏まえた対応とする必要がある。

このため、過剰な使用を回避すべきは回避するとともに、素材の代替が可能な用途では代替を進めることでリデュースを徹底した上で、それでも使用されるプラスチックについては、リサイクルなど有効利用を図っていく発想で臨むべきである。

こうした考え方に立ち、ワンウェイのプラスチック製容器包装・製品の排出抑制を促進するために、製造事業者には軽量化等の環境配慮設計や代替素材への転換を、流通・サービス事業者等には過剰な使用の削減や代替素材への転換を促すための環境を整備する。

具体的には、製品設計の段階から軽量化や代替素材への転換等の合理的な対策を進めるべく、ワンウェイのプラスチック製容器包装・製品の製造事業者やブランドオーナーが取り組むべき環境配慮設計の基本的な事項を整理した指針を示すことにより、これを踏まえた事業者による環境配慮設計やそのための業界単位での設計の標準化などを促す。

また、消費者のライフスタイル変革を通じた使用の合理化を図るため、消費者と直接の接点を持つ小売・サービス事業者等に対して、ストローやカトラリーをはじめとするワンウェイのプラスチック製容器包装・製品について、消費者の意思確認の徹底、提供方法の工夫や軽量化されたものの提供等を通じた過剰な使用の削減や代替素材への転換など事業者が取り組むべき措置を示すとともに、これを踏まえた取組を行うことを求め、消費者の行動変容を促す。

### 2. 効果的・効率的で持続可能なリサイクル

(1) リユース・リサイクル可能な製品設計

戦略では、プラスチック製容器包装・製品のデザインを、その機能を確保することとの両立を図りつつ、技術的に分別容易かつリユース可能又はリサイクル可能なものとする（それが難しい場合にも、熱回収可能性を確実に担保する）ことを目指すこととしている。

このため、製造事業者やブランドオーナーなどの設計決定者は、最新の技術や回収・リサイクルシステムの動向等を踏まえ、廃棄段階までを見据えたライフサイクルの環境負荷を低減する設計に一層取り組んでいくことが重要である。

一方で、容器包装や製品の設計は、例えば、循環性のみならず安全性や機能性等多角的な要求に対応した形で進める必要があり、活用分野によって大きく事情が異なることに考慮が必要である。

こうした事情をよく踏まえた上で、新たな技術・イノベーションも弾力的に織り込むことが可能な形で、環境配慮設計の基本思想や優先順位、関連技術等の視点を整理し、設計の転換を促す環境を整備する。

具体的には、設計の段階から、多種多様なプラスチック製容器包装・製品の事情に応じて、プラスチック製容器包装・製品の設計決定者が取り組むことが求められる環境配慮設計の基本的な事項（基本思想やライフサイクル評価、製品評価の観点等）を整理した指針を示すことにより、これを踏まえた事業者による環境配慮設計やそのための業界単位での設計の標準化などを促す。

また、易分別性・易リサイクル性等の環境配慮設計や再生素材・バイオプラスチック利用などのイノベーションが促進される公正・公平なリサイクルの仕組みを検討する。

(2)　プラスチック資源の回収・リサイクルの拡大と高度化

戦略では、使用済みプラスチック資源の効果的・効率的で持続可能な回収・再生利用を図るため、幅広い関係者にとって分かりやすく、システム全体として効果的・合理的で、持続可能な分別回収・リサイクル等を適正に推進するよう、そのあり方を検討することとしている。

また、各主体の連携協働と全体最適化を通じて、費用最小化と資源有効利用率の最大化を社会全体で実現する、持続的な回収・リサイクルシステム構築を進めることとしており、これらを通じて、リサイクルの質と量を向上させることが重要である。

（i）家庭から排出されるプラスチック資源の回収・リサイクル

家庭から排出されるプラスチック製容器包装・製品は、市町村での分別回収及び事業者による自主回収を一体的に推進し、最新技術で効率的に選別・リサイクルする体制を確保することが重要である。

(市町村による分別回収)

家庭から排出されたプラスチック製容器包装・製品については、プラスチック資源として分別回収することが求められる。

消費者に分かりやすい分別ルールとすることを通じて資源回収量の拡大を図るとともに、効果的・効率的なリサイクルに向けて、プラスチック製容器包装・製品をまとめてリサイクルすることや、市町村とリサイクル事業者で重複している選別等の　中間処理を一体的に実施することが可能となる環境を整備する。

具体的には、家庭から排出されたプラスチック製容器包装とプラスチック製品について、これらプラスチック資源の分別収集の質的確保を前提に、容器包装リサイクルルートを活用して、まとめてリサイクルできるよう措置する。

また、市町村とリサイクル事業者の双方で行ってきた異物除去等の選別工程について、プロセス全体でコスト低減が見込まれ、かつ、リサイクルに支障がない場合には、市町村及びリサイクル事業者が連携して選別工程の一体的運用が行えるよう、合理化のための措置を講じる。

また、家庭ごみの有料化徹底等を通じて消費者の資源分別を促し、こうした分別努力に応じた市町村に対するインセンティブ等を通じて、分別収集体制を全国的に整備する。

(事業者による自主回収)

質の高いリサイクルに向けては、プラスチック資源の性状や排出実態について情報を持ち合わせているプラスチック製容器包装・製品の製造・販売事業者が、相互に連携し、市町村と協力して自主回収・リサイクルに積極的に貢献することが必要である。

これまで、食品トレーやペットボトルをはじめとして、店頭回収や拠点回収等の自主回収が進められてきたが、持続可能な取組として多様化・スケール化する上での課題も指摘されている。

このため、製造・販売事業者が消費者からプラスチック製容器包装・製品を円滑に自主回収・リサイクルできる環境を整備する。

具体的には、リサイクルの拡大及び再生素材利用を促すため、製造・販売事業者が自ら製造・販売したプラスチック製容器包装・製品に加えて、これらと同種のものも含めたプラスチック資源について、消費者から円滑に自主回収・リサイクルすることを可能とする措置を講じる。

また、自主回収の拡大に向けて、消費者に対する分別協力のインセンティブをはじめ事業者が実施する様々な回収量向上策を促進するため、必要な支援を行う。

具体的には、消費者へのポイント付与等をはじめとする様々な回収量向上策に対し、ビジネスモデル構築やインフラ設備への支援を行うなど、自主回収の拡大を後押しする。

（ii）事業者から排出されるプラスチック資源の回収・リサイクル

事業者から排出されるプラスチック資源については、これまで排出事業者責任に基づく適正処理が進められる中で、一定の分別・リサイクルが行われてきているが、今後、更なる資源化のための分別回収・リサイクルに積極的に貢献することが求められる。このため、各業種の実態を踏まえ、プラスチック資源の分別・リサイクルを促す環境を整備するとともに、排出事業者が、自らのプラスチック資源を高度リサイクルする取組が円滑に進むよう環境を整備する。具体的には、排出事業者に対し、プラスチック資源の排出抑制や分別・リサイクルの徹底、体制整備、情報発信等を含め、事業者が取り組むべき措置を示すとともに、これを踏まえた取組を行うことを求める。

また、リサイクルの拡大及び再生素材利用を促すため、排出事業者がリサイクルを行う事業者と連携し、自らが分別・排出するプラスチック資源を円滑に高度リサイクルすることを可能とする措置を講じる。

また、事業者（例えば、小規模店舗等）から排出されるプラスチック資源を市町村が回収する場合には、家庭から排出されたものとまとめてリサイクルできる環境を整備する。さらに、プラスチック資源の適切な輸出入管理を通じて、途上国の環境保全と国内外の資源循環の両立を図る。

(iii) 効率的な回収・リサイクルの基盤整備

プラスチック資源の回収・リサイクルを拡大していく上で、回収・リサイクル設備の効率性向上と処理能力の確保が不可欠である。このため、バージン材と遜色のない高い品質の再生素材の供給等を目指す高度なマテリアルリサイクルやケミカルリサイクルを含め、プラスチック資源の性状に応じた最適な手法の選択が可能となるよう、必要なリサイクル・熱回収の技術開発と社　会実装に向けたインフラの整備を支援する。

また、リチウムイオン電池等のプラスチック資源への異物混入対策を適切に進める。併せて、資源回収量の拡大等の今後の変化に対応し、その受け皿となるリサイクル事業者の処理ポテンシャルを有効活用する方策を必要に応じて検討する。

### 3. 再生素材やバイオプラスチックなど代替素材の利用促進

戦略では、プラスチック再生素材市場の拡大、バイオプラスチックの実用性向上と化石燃料由来プラスチックとの代替促進を図るため、それらの利用ポテンシャルを高めるとともに、総合的な需要喚起策等を講じることとしている。

(1) 再生素材の利用促進

プラスチック資源の回収・リサイクルの拡大と高度化を進める上では、出口側の再生素材の需要の拡大とそれに見合った供給体制の確保が重要である。

このため、再生素材の利用実態と今後の見通しを把握し、製品用途別の利用ポテンシャルに応じて品質・コスト・安定供給のボトルネックを解消するとともに、環境価値の「見える化」を通じて、再生素材の供給・利用を拡大するべく、技術開発・インフラ整備、政府率先調達等による需要喚起、リサイクル事業者と利用事業者のマッチング、化学物質の適正かつ効率的な管理、業界における認証整備等を支援し、リサイクル関連産業の振興、育成等を推進する。

(2) バイオプラスチックへの代替促進

バイオプラスチックへの代替を進める上では、環境・エシカル等の論点に対応するとともに、生産体制から製品ごとの利用ポテンシャルまで、サプライチェーン構築を計画的に行うことが重要である。

このため、各製品・素材の特性、利用実態とポテンシャルを踏まえ、バイオプラスチック導入に向けた基本的な方針や生産設備・技術開発支援、政府率先調達等による需要喚起等の必要な施策を整理したバイオプラスチック導入ロードマップを策定し、これに基づき施策を展開する。

## 4．分野横断的な促進策

(1) 消費者の理解・協力の促進

リデュース・リユース、分別リサイクル、代替素材利用の一層の促進に当たっては、消費者の理解・協力が不可欠であり、我が国のプラスチック資源循環の現状や各主体の取組状況等のファクトを消費者はもとより国際社会に対して幅広く発信する。

また、リサイクルの見える化等の普及啓発・広報や環境教育をNGO等とも連携しつつ世代を問わず進めるとともに、消費者と接点のある事業者において消費者が環境配慮設計の進んだ製品を積極的に手に取る機会を創出することを通じて消費者の選択を促すなどにより、エシカル消費をはじめとする消費者のライフスタイル変革を促す。

(2) 企業・地方公共団体による先進的な取組の展開

クリーン・オーシャン・マテリアル・アライアンス（CLOMA）やプラスチック・スマート等のプラットフォームを活用することにより、先進的な企業や地方公共団体、NGO等の取組事例の創出・横展開を図る。各企業・各業界による率先的な戦略・自主行動計画等の策定及びフォローアップを後押しする。

(3) ESG金融による取組の後押し

投資家及び企業双方に向けたプラスチック資源循環分野のESGガイダンスを策定し、プラスチック資源循環に率先して取り組む企業がESG金融に取り組む投資家等に適切に評価され、企業価値向上と国際競争力につながる共通基盤を整備する。

(4) 政府の率先的・基盤的な取組

政府が率先的に取り組む一環として、予見可能性を持った形で政府率先調達水準の引き上げを推進するとともに、地方公共団体へも率先調達の実施を促すことで、環境負荷低減に資する製品の普及を後押しする。動脈から静脈に渡る幅広いリサイクル・資源循環関連産業の高度化に向け、資源循環　関連技術の開発、優れた技術の社会実装に向けたインフラの整備等を支援する。

### Ⅲ. おわりに

戦略の実現に向け、Ⅱに掲げたプラスチック資源循環施策について、予算、制度的対応をはじめ総合的かつ速やかに検討・実施していくべきである。このほか、行政のデジタル化の動向も踏まえながら、資源循環分野においても、行政手続の効率化・ワンストップ化等に向けたデジタル基盤構築を進めるべきである。施策の進捗状況やプラスチック資源循環の状況について、戦略の実現に向けた中間的なタイミングで整理・評価を行うなど、適切にPDCAを回していくとともに、必要に応じて更なる施策を検討することが適切である。

菅義偉首相は、2020年10月の臨時国会の所信表明演説で、日本の温暖化ガス排出量を2050年までに実質ゼロ目標を宣言し、同年11月に開催されたG20サミットでも説明して国際公約としました。

これを踏まえて経済産業省は、同省が中心となって関係省庁と連携して策定した「2050年カーボンニュートラルに伴うグリーン成長戦略」を2020年12月25日の成長戦略会議で報告。この戦略は、菅政権が掲げる「2050年カーボンニュートラル」への挑戦を、「経済と環境の好循環」につなげるための産業政策です。

日本政府と与党（2021年12月現在）は、2050年までに温暖化ガスの排出量を実質ゼロにする目標を地球温暖化対策推進法改正案に盛り込み、2021年通常国会で法律の制定を目指すと日本経済新聞（2020年12月20日）が報じています。

日本政府が中・長期に及ぶ政策の実現時期を法律に明記するのは異例であり、EUの温暖化ガス排出量削減への取り組みや米国のパリ協定復帰による欧米主導の温暖化対策に後れを取らないように本腰を入れる姿勢であるとみられます。

これまでの温暖化対策の中・長期目標は、地球温暖化対策推進法に基づく実行計画に書き込んで閣議で決定してきましたが、今回は法律に明記することで、安易な方針変更を難しくして政策の継続性を強化するものと考えられます。

この他、経済産業省や文部科学省、農林水産省、環境省、国立研究開発法人理化学研究所（RIKEN）、国立研究開発法人新エネルギー・産業技術総合開発機構（NEDO）、国立研究開発法人産業技術総合研究所（AIST）、国立研究開発法人科学技術振興機構（JST）、国立研究開発法

人国立環境研究所（NIES）、全国の都道府県等公設試験場、理工系大学などで、バイオプラスチックの素材開発や加工技術の開発、性能評価試験などの取り組みが積極的に行われる機運が高まってきています。

民間団体としては、日本バイオプラスチック協会（JBPA）や日本プラスチック機械工業会（JPM）、国際プラスチックフェア協議会（IPF）、プラスチック成形加工学会などがセミナーや啓蒙活動を展開しています。これからの数年で日本がバイオプラスチックを世界へ普及させることに寄与できるかどうか、官民を挙げた知恵と工夫、そして実行力が試されることになります。

環境省が令和二年度（2020 年度）に新たに賞を創設した**気候変動アクション環境大臣表彰**において、筆者のポリ乳酸成形加工技術群開発が初代「気候変動アクション大賞」を受賞しました。化石資源由来・非分解性プラスチックをバイオマス由来・生分解性プラスチックに代替する取り組みが、温暖化ガスの削減に有効である顕著な功績として認められました。生分解性プラスチックの社会認識を深める契機を与えたと受け止めています。

参考文献：

1)「海外ニュース」，環境展望台，国立環境研究所．

2)「地域・分析レポート」，日本貿易振興機構（ジェトロ）．

3)「プラスチック資源循環戦略」，消費者庁，外務省，財務省，文部科学省，厚生労働省，農林水産省，経済産業省，国土交通省，環境省，令和元年 5 月 31 日．

4)「今後のプラスチック資源循環施策のあり方について（案）」，産業構造審議会産業技術環境分科会廃棄物・リサイクル小委員会プラスチック資源循環戦略ワーキンググループ（経済産業省）及び中央環境審議会循環型社会部会プラスチック資源循環小委員会（環境省）合同会議，2020 年 11 月 20 日．

5)「2050 年カーボンニュートラルに伴うグリーン成長戦略」，経済産業省，2020 年 12 月 25 日．

6) 佐藤辰彦，『世界を変える知財力』，新潮社，2020 年．

7) 令和 2 年度気候変動アクション環境大臣表彰，パンフレット

## 演習問題（実力を試してみよう）

**Q.1** 日本政府がG20大阪サミットで表明した「マリーン（MARINE）・イニシアティブ」が海洋プラスチックゴミ対策のために焦点を当てている4点を答えなさい。

**Q.2** 2018年1月16日にEUが発表した「循環経済におけるプラスチックに関する欧州戦略」とはどのような戦略か説明しなさい。

**Q.3** 「プラスチック資源循環戦略」指標・数値目標一覧の中で、2030年に日本国内のバイオマスプラスチック使用量は何tを目指しているか答えなさい。

**Q.4** 本章で取り上げた各国において、気候変動抑止と海洋プラスチックゴミ対策について共通している取り組みを列挙しなさい。

# 第6章

# プラスチックに関する化学知識の整理

# 第6章 プラスチックに関する化学知識の整理

本章では、バイオプラスチックに限定せずにプラスチック全般について、化学の知識とプラスチックの性能試験などについて整理します。バイオプラスチックに関心を持った読者にとって、化石資源由来プラスチックにも共通する基礎知識をきちんと理解しておくことが、バイオプラスチックを上手に使いこなすためには重要です。

## 6.1 化学反応

化学反応において炭素（C）を含む場合を有機化学反応と呼びます。プラスチックはそのほとんどが有機化合物です。有機化学反応の主要な種類を以下に列挙します。

**[1] 加水分解**

**[2] 縮合反応**

(1) エステル化

(2) アミド化

(3) アルドール化

(4) オキシム、ヒドラゾンの生成

(5) ウイッティヒ反応

**[3] 置換反応**

(1) 脂肪族置換反応

(2) 芳香族置換反応

**[4] 酸化反応**

(1) 脱水化

(2) エポキシ化

(3) バイヤー・ビリガー反応

(4) オゾン化

(5) 金属酸化物による酸化

**[5] 還元反応**

(1) 接触水素化

(2) 金属水素化合物による還元

(3) バーチ還元

(4) 金属と酸による還元

**[6] 付加反応**

**[7] 脱離反応**

**[8] 転移反応**

**[9] 遊離基（ラジカル）反応**

**[10] 重合反応**

## 6.2 熱可塑性樹脂と熱硬化性樹脂

プラスチックは、熱可塑性樹脂と**熱硬化性樹脂**に大別されます。現在、世の中で使用されているプラスチックの9割は熱可塑性樹脂です。バイオプラスチックも大半は熱可塑性樹脂となります。

熱可塑性樹脂は、常温では固体ですが、加熱により液体に変わります。液体は、冷却されると固化し、何度もこの変化を繰り返すことが可能です。一方で、熱硬化性樹脂は、常温では固体または粉末状ですが(場合により、液体の素材を化学反応させる場合もあります)、加熱によって液体になります。しかし、すぐに化学反応を起こして固化します。化学反応で固化してしまった後に再び液体に戻ることはできません。このように両者には大きな性質の差があります（表6-1）。

## 6.3 プラスチックに必要な特性

プラスチックが商品として世の中で活躍するためには、商品用途に合わせた特性を備える必要があります。プラスチックに求められる特性には次のようなものがあります。

［1］引張強さ

［2］圧縮強さ

［3］曲げ強さ

［4］耐衝撃性

［5］伸び

［6］ひずみ

［7］硬度

［8］軟質性

［9］耐熱性

表 6-1 ●熱硬化性樹脂と熱可塑性樹脂の特性の比較
（出所：小松技術士事務所）

| | 熱硬化性樹脂 | 熱可塑性樹脂 |
|---|---|---|
| 分子量 | 1 万～ | 1 万～100 万 |
| 分子の形状 | 網目状 | 鎖状 |
| 成形原理 | 化学的変化<br>材料→反応→流動→硬化 | 物理的変化<br>材料→加熱軟化→流動→冷却固化 |
| 成形サイクル | 長い | 短い |
| 成形品のばり | 必ず出る | ばり無し |
| 成形時のガス抜き | 必要 | 不要 |
| 金型温度 | 120～150 ℃ | 20～180 ℃ |
| 再生材使用 | 不可能 | 可能 |
| 力学的性質 | 硬くて脆（もろ）い | しなやかで強靭 |
| 加熱による変化 | 軟化しない | 軟化して流動する |
| 耐熱性 | 良好 | 低い |
| 電気絶縁性 | 良好 | 低い |
| 耐薬品性 | 良好 | 低い |
| 代表的な樹脂 | フェノール樹脂<br>メラミン樹脂<br>エポキシ樹脂<br>不飽和ポリエステル<br>液状シリコーンゴム | ポリエチレン（PE）<br>ポリプロピレン（PP）<br>ポリスチレン（PS）<br>ABS 樹脂<br>アクリル樹脂（PMMA）<br>ポリアミド 6（PA6）<br>ポリアミド 66（PA66）<br>ポリアセタール（POM）<br>ポリブチレンテレフタレート（PBT）<br>ポリエチレンテレフタレート（PET）<br>ポリカーボネート（PC）<br>液晶ポリマー（LCP）<br>ポリサルホン（PSU）<br>ポリエーテルエーテルケトン（PEEK）<br>ポリイミド（PI）<br>ポリ乳酸（PLA）<br>ポリ・ブチレン・サクシネート（PBS）<br>ポリ・ヒドロキシ・アルカノエート（PHA） |

［10］耐低温性

［11］加工性

［12］寸法安定性

［13］耐摩耗性

［14］自己潤滑性

［15］耐水性

［16］耐油性

［17］光透過性

［18］電気特性

［19］難燃性

［20］自己消火性

［21］帯電防止性

［22］外観

［23］光沢

［24］ガスバリア性

［25］ストレッチ性

［26］シュリンク性

［27］易燃焼性

［28］生分解性

［29］衛生性

## 6.4 プラスチックの流動性

プラスチック製品を加工するために加熱して液化させる場合があり、その際の液体の流動性が、製品の加工制限や加工コストを大きく左右します。中でも、射出成形では溶融させた樹脂の流動性の良しあしが成形条件、特に射出圧力や射出速度、金型温度の設定に大きく影響します。プラスチックの流動性を評価する方法はいくつかありますが、最も簡易的で目安として利用されているものが**メルトフローレート（Melt Flow Rate：MFR）**です。

メルトフローレートは、プラスチックの試験材料（ペレット）をメルトフローインデクサーという試験装置へ装填し、加熱して規定の重量で溶けた樹脂を流出させます。そして、その流れ出た樹脂量を計測して指標とします。試験方法はJIS（日本産業規格）とISO（国際標準化機構）で規定されています。メルトフローレートの数値が大きい樹脂ほど流動性が良いと評価されます。メルトフローレートが小さい樹脂は流れが悪いということです。

ただし、メルトフローレートは静的な状態での流動性を評価します。これに対し、実際の射出成形では極めて短時間で狭いゲート（注入口）を流動するため、メルトフローレートの値がそのまま射出成形の場合と合致するわけではありません。この点は理解しておく必要があります。以上から、メルトフローレートは樹脂の流動性の指標として簡易的に特性を把握するには便利であり、目安となることが理解できたと思います。

メルトフローレートは、ペレットの乾燥状態（吸水量）や樹脂への添加物〔ガラス繊維やカーボン繊維、ナチュラルファイバー（天然繊維）など〕の量（添加量）によっても大きく変動します。また、測定者の技量によってもばらつきが出やすい試験なので、可能な限り同一の測定者が計測するとよいでしょう。

先述の通り、メルトフローレートと実際の金型内での樹脂の流動状況は必ずしも一致するとは言えませんが、一般に、数値の小さな樹脂は金型内でも流動性は良くありません。

## 6.5 プラスチックの気体透過性

プラスチックは、日常の使用では空気や気体を透過するとは考えにくいと思います。しかし、分子レベルで組織を考えると微細な空隙が無数に存在し、実際は気体をかなり透過させています。この気体の透過（遮断）特性を**ガスバリア性**と呼びます。

炭酸ガス飲料（ビールやシャンパン、サイダー）や食品容器の世界ではガスバリア性は常識ですが、自動車やエレクトロニクス、機械の世界ではあまり知られていないようです。プラスチックの種類によって気体の透過性は大きく異なっています。PET（ポリエチレン・テレフタレート）はボトルとして使用されており、空気を透過するとは思えないかもしれません。しかし、実はガスバリア性が低いプラスチックです。炭酸ガス飲料に使用されているPETボトルでは、ボトルの断面中央部にガスバリア性の高い別の種類のプラスチック〔例えば、三菱ガス化学製ポリアミド（PA）「MX ナイロン」〕を薄く入れ込んであり、炭酸ガスの脱気を防いでいます。炭酸ガス飲料の PET ボトルを切断してみると中央部に薄い膜があるのを確認できると思います。

## 6.6 プラスチックの耐薬品性

プラスチックは有機物のため、化学薬品と反応して溶けたり割れたりする可能性があります。プラスチックの**耐薬品性**を評価するための試薬には、表 6-2 のような薬剤が使用されています。これらの薬剤にプラスチック製品を浸漬して一定時間が経過後に溶出や割れが発生しないかを検査して評価します。



表 6-2 ● プラスチックの耐薬品性を評価するための試薬
（出所：小松技術士事務所）

| | | |
|---|---|---|
| 蒸留水 | 食塩水 | 炭酸ソーダ 2 % |
| 硫酸 3 %、30 % | 塩酸 3 %、30 % | 水酸化ナトリウム 10 %、40 % |
| アンモニア 10 % | 過酸化水素 3 % | 氷酢酸 98 % |
| 酢酸 5 % | オレイン酸 | クエン酸 |
| フェノール | エチルアルコール | 酢酸エチル |
| 二塩化エタン | 四塩化エタン | 四塩化炭素 |
| クロロホルム | ベンゼン | トルエン |
| キシレン | n-ヘプタン | ケロシン |
| ガソリン | ホルマリン | グリセリン |
| エチレングリコール | ヒマシ油 | モーター油 |

## 6.7 プラスチックの添加剤

プラスチックは何種類かの**添加剤**を混ぜて使用することがあります。添加剤はさまざまな用途向けに開発されており、これらを組み合わせて配合することで、同一種類のプラスチックであってもいろいろなグレードの樹脂を造れます。表 6-3 に主要な添加剤とその目的を挙げてみます。

## 6.8 プラスチックの補助剤

プラスチックは多くの場合、さまざまな**補助剤**を添加し、実用性に適応した改質が行われています。補助剤には、その目的によっていろいろな成分のものが実用化されています。主要な補助剤には以下のようなものがあります。

［1］**可塑剤**

プラスチックに柔軟性を付与したり、成形時に金型内での流動性を高めたりするために使用します。主に低分子物質を使います。

［2］**熱安定剤**

プラスチックが熱によって分解することを防止するために使用します。

［3］**酸化防止剤**

プラスチックが酸化して劣化することを防止するために使用します。

表 6-3 ●主要な添加剤とその目的
（出所：小松技術士事務所）

| 目的 | 添加剤 |
| --- | --- |
| 強度向上 | ガラス繊維、炭素繊維、アラミド繊維、カーボンナノチューブ（CNT）、ボロン繊維、ナチュラルファイバー（天然繊維） |
| 硬さ向上 | ガラスビーズ |
| 摺動性改善 | フッ素樹脂粉、グラファイト、二硫化モリブデン |
| 電気絶縁性 | 雲母 |
| 電気導電性 | カーボン、金属繊維、CNT |
| 電磁波遮断性 | 炭素繊維、金属繊維 |
| 磁性 | 希土類、フェライト |
| 帯電防止 | 帯電防止剤 |
| 断熱性 | 気体（発泡剤） |
| 高熱伝導性 | 炭化珪素、アルミナ、ボロン |
| 耐熱性 | シリカ、ガラスビーズ |
| 難燃性 | 水酸化アルミニウム |
| 低燃焼熱 | 炭酸カルシウム、タルク |
| 着色 | 顔料、染料 |
| 光沢 | 滑剤、光沢付与剤 |
| つや消し | つや消し剤 |
| 透明感 | ブルーイング剤 |
| めっき性 | 被エッチング粒子 |
| 耐候性 | 遮光剤、酸化防止剤 |
| 耐紫外線性 | 紫外線防止剤、紫外線吸収剤 |
| 酸化防止 | 酸化防止剤 |
| 抗菌 | 錯塩 |
| 防黴（かび） | 防黴剤 |
| 流動性 | 可塑剤、高級脂肪酸 |
| 離型性 | 離型剤 |
| 劣化防止 | 酸化防止剤 |
| 相分離防止 | 相溶剤 |

[4] **光安定剤**

太陽光線や蛍光灯からの紫外線によってプラスチックが劣化することを防止するために使用します。

[5] **滑剤**

プラスチック成形品を離型（金型から取り出すこと）しやすくするために使用します。具体的には、ワックス（ろう）や界面活性剤を使います。

[6] **表面処理剤**

プラスチックの接着性を改善するために使用します。

[7] **帯電防止剤**

プラスチックの表面に静電気が帯電することを防止するために使用します。カーボン（炭素）や界面活性剤を使います。

[8] **着色剤**

プラスチックに色彩を付与するために使用します。有機顔料や無機顔料、染料を使います。

[9] **難燃剤**

プラスチックを燃焼しにくくするために使用します。ハロゲン化物やリン酸エステル、水酸化アルミニウムなどを使います。

[10] **充填剤**

プラスチックに強度を持たせるために使用します。また、熱伝導性を改善するために使う場合もあります。炭酸カルシウムやシリカ、タルク、木粉などを利用します。

[11] **強化剤**

プラスチックを強化するために使用します。ガラス繊維や炭素繊維(カーボンファイバー)、天然繊維などを使います。

[12] 耐摩耗剤

プラスチックを摩耗しにくくするために使用します。炭素繊維やグラファイト、フッ素樹脂などを使います。

## 6.9 プラスチック製品の食品健康影響評価

プラスチック製品を食品と接触する包装などに使用する場合は、有害物質が溶出せず、無害・無毒なものでなければなりません。そのため、食品と接触する製品では法令によって厳格な使用規制が決められています。法令に反して使用すると多くの場合、各国の法律によって罰則が科せられます。従って、食品と接触するプラスチック製品を生産する場合にはきちんと安全性の評価を行い、認証を得なければなりません。主な試験方法は次の通りです。

[1] 材質試験

カドミウム　100ppm 以下

鉛　100ppm 以下

[2] 溶出試験

重金属　4 %酢酸（60 ℃-30min）1ppm 以下〔Pb（鉛）として〕

過マンガン酸カリウム（KMnO)$_4$ 消費量　水（60 ℃-30min）10ppm 以下

［3］毒性試験

Crl：CD 系ラット急性毒性試験

Crl：CDBR 系ラット急性毒性試験

Hra：SPF 系ウサギ急性毒性試験

［4］遺伝毒性試験

復帰突然変異試験

［5］細胞毒性試験

［6］局所刺激性試験

Hra：SPF 系ウサギ眼一次刺激性試験

Hra：SPF 系ウサギ皮膚一次刺激性試験

［7］皮膚感作性試験

Crl：（HA）BR 系モルモット皮膚感作性試験

［8］亜急性毒性試験

ラット経口投与試験

シリアンハムスター経口投与試験

イヌ経口投与試験

乳幼児経口投与試験

［9］発がん性試験

［10］発生毒性試験

［11］催奇形性試験

［12］遺伝毒性試験

## 6.10　医療用プラスチック材料の評価試験方法

医療用のプラスチック素材についても、食品接触と同様に物性や安全性を試験評価する方法が厳格に定められています。

[1] 引張試験

[2] 圧縮試験

[3] アイゾット衝撃試験

[4] シャルピー衝撃試験

[5] ロックウエル硬さ試験

[6] 曲げ試験

[7] 光透過性試験

[8] 耐滅菌性試験

[9] 有害重金属分析

[10] 残留モノマー分析

[11] オリゴマー分析

[12] 分解物分析

[13] pH 試験

[14] 塩素イオン分析

[15] 過マンガン酸カリウム還元性物質分析

[16] 蒸発残留物分析

[17] 紫外線吸収スペクトル分析

[18] 急性毒性試験

[19] 亜急性毒性試験

[20] 刺激性（皮内反応）試験

[21] 血液適合性（溶血性）試験

[22] 細胞毒性試験

[23] 発熱性試験

[24] 感作性試験

[25] 変異原性試験

[26] 生体内移植試験

[27] 抗血栓性試験

[28] 生体内劣化試験

[29] 滅菌試験

[30] 無菌試験

参考文献：
1）ミスミ，「技術情報」（https://jp.misumi-ec.com/tech-info/）.

## 演習問題（実力を試してみよう）

**Q.1** 熱可塑性樹脂と熱硬化性樹脂の相違点を答えなさい。

**Q.2** プラスチックに添加される補助剤を列挙しなさい。

Q.3 プラスチックのガスバリア性について説明しなさい。

◀ COLUMN ▶

### K

「K」は、プラスチックの世界三大見本市と称されてきた「NPE」（米国）と「IPF」（東京）と同じ会期サイクルで3年ごとにドイツ・デュッセルドルフにあるMesse Dusseldorf（メッセ・デュッセルドルフ）見本市会場で定期開催されています。2019年で67年目となり、プラスチック見本市では最も歴史があります。総展示面積は17万7795m$^2$で、その中に17のパビリオンがあります。「K2019」には61カ国から3300社の出展がありました。日本からは33社が出展しました。近年は「CHINAPLAS」も台頭してきていますが、来場者数と出展規模、そして展示内容は、世界トップの地位を維持し続けています。

図6-A ●広大なメッセ・デュッセルドルフ見本市会場
(出所：Messe Düsseldorf/ctillmann)

# 第7章

# 主な生分解性の
# バイオプラスチックの種類と特徴

# 第7章 主な生分解性のバイオプラスチックの種類と特徴

本章では、生分解性のバイオプラスチックの種類と特徴の概略について説明します。

## 7.1 ポリ乳酸（PLA）

**ポリ乳酸（PLA）**は、トウモロコシやイモなどのでんぷんに水を混合させて得たブドウ糖、もしくはサトウキビの搾り汁などから取り出したブドウ糖に乳酸菌を混合させて乳酸を作り、化学重合で合成した熱可塑性プラスチックです（表7-1、表7-2、図7-1）。トウモロコシ10粒程度のでんぷんからA4判のポリ乳酸フィルムを作ることができます。

透明で、シートやフィルム、糸に加工することができ、射出成形やブロー成形も可能です。農業用シートやハウス用フィルム、食品トレーや包装用フィルム、レジ袋などで使用されています。最近では3Dプリンターのフィラメントとしても使われています。ただし、展延性と耐衝撃性は低いという特徴があります。

耐熱温度は55～65℃です。生分解性プラスチックの中では比較的強度が高い方です。

コンポストの中では生分解速度が速く、製品の厚さなどの条件次第で2～3カ月程度で生分解します。状況によりますが、土壌中では生分解に3～5年程度かかります。海洋中では生分解性が遅く、水温や微生物の量にもよりますが、10年程度を要します。

表 7-1 ●PLA（一般グレード）の主要物性（参考値）
（出所：小松技術士事務所）

| 項目 | | 単位 | 試験方法 | 備考 |
|---|---|---|---|---|
| 原材料 | 植物 | | | 生分解性 |
| 比重量 | 1.24 | $g/cm^3$ | ISO1183 | |
| 荷重たわみ温度 | 55～60 | ℃ | ISO75 | |
| 流動性 | 30～65 | g/10min | ISO1133 | MFR190、2.16kg |
| 引張強さ | 40～50 | MPa | ISO527 | |
| 伸び | 5 | % | ISO527 | |

表 7-2 ●PLA（層状珪酸塩ナノ・コンポジットグレード）の主要物性（参考値）
（出所：小松技術士事務所）

| 項目 | | 単位 | 試験方法 | 備考 |
|---|---|---|---|---|
| 原材料 | 植物 | | | 生分解性<br>層状珪酸塩（粘土）含有 |
| 比重量 | 1.43 | $g/cm^3$ | ISO1183 | |
| 荷重たわみ温度 | 120～130 | ℃ | ISO75 | |
| 流動性 | 3～5 | g/10min | ISO1133 | MFR190℃、2.16kg |
| 引張強さ | 43 | MPa | ISO527 | |
| 伸び | 31 | % | ISO527 | |

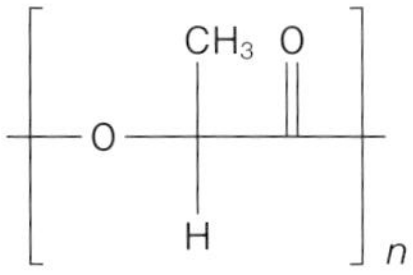


図 7-1 ●PLA の化学構造
（出所：小松技術士事務所）

溶融時の粘度が高く、金型を使って射出成形するのが困難でしたが、超臨界二酸化炭素（$CO_2$）溶解によって流れやすくする技術が開発されています。

耐熱性を向上させるために粘土を 20nm 程度に微粉化して混ぜ込むこ

とで結晶化の核を作り、耐熱温度を120～130℃まで向上させたナノ・コンポジットグレードも実用化されています。このグレードも生分解しますが、粘土はそのまま土へ戻ります。

現在、世界のポリ乳酸原材料の大半を生産・供給しているのは米国NatureWorks（ネイチャーワークス）です。米国内で16万t/年程度の生産を行っています。フランスとオランダの合弁企業であるTotal Corbion PLA（トタルコービオンPLA）は、タイで7.5万t/年程度の生産を行っています。同社は2020年9月にフランス国内に10万t/年の新工場を建設することを表明しました。同年同月にドイツThyssen Krupp Industrial Solutions（ティッセンクルップ・インダストリアル・ソリューションズ）は、中国南部に3万t/年級の工場を建設することを表明しました（2021年秋に稼働の見通し）。タイPTT Global Chemical（グローバルケミカル）も2021年にタイ国内にポリ乳酸の工場建設を目指す方向と報じられています。

日本企業では1994年に島津製作所が日本でパイロットプラントを稼働させました（その後トヨタ自動車へ移譲されましたが、現在は事業から撤退）。

帝人はNatureWorksの株の半分を保有して世界的な事業活動を行っていましたが、リーマン・ショックの影響などの理由から2009年に同社の保有株を米Cargill（カーギル）が取得しました。現在はCargillとPTT Global Chemicalが合弁事業を展開しています。

日本国内では現在、複数の素材メーカーが海外からポリ乳酸原料を輸入し、成分調整を行って販売しています。

## 7.2 ポリ・ヒドロキシ・アルカノエート（PHA）

ポリ・ヒドロキシ・アルカノエート（PHA）は、植物内のブドウ糖や植物油を原料として微生物の体内で培養されるプラスチック（ポリエステル）です（表7-3、図7-2）。硬質で剛性が高く、耐水性やガスバリア性（酸素や空気を透過させにくい性質）、生分解性に優れています。一方で、結晶性が高いために衝撃に弱く、フィルムやシートには向いていません。フィルムなどへ使用する場合は、他のプラスチックと共重合させるなどの改良を施します。農業用マルチフィルムの商品化が行われています。

また、ポリアミド（PA）66（「ナイロン66」）と同程度の破壊強度と



表7-3●PHAの主要物性（参考値）
（出所：小松技術士事務所）

| 項目 | | 単位 | 試験方法 | 備考 |
|---|---|---|---|---|
| 原材料 | 微生物 | | | 生分解性 |
| 比重量 | 1.15～1.25 | g/cm$^3$ | ISO1183 | |
| 荷重たわみ温度 | 59 | ℃ | ISO75 | |
| 流動性 | 10～20 | g/10min | ISO1133 | MFR190℃、2.16kg |
| 引張強さ | 17.5～25.5 | MPa | ISO527 | |
| 伸び | 5～15 | % | ISO527 | |

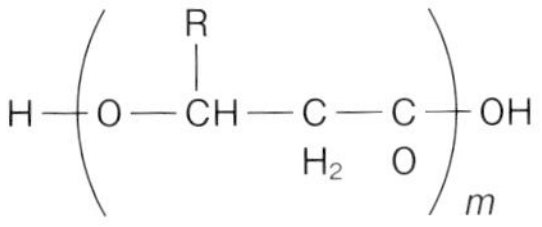

図7-2●PHAの化学構造
（出所：小松技術士事務所）

破壊伸びを持つ超高分子PHAの開発が進められており、漁網や釣り糸などへの利用が検討されています。

## 7.3 ポリカプロラクトン（PCL）

**ポリカプロラクトン（PCL）**は、ε（イプシロン）-カプロラクトンの合成によって得られたプラスチックで、低融点（60℃）としてフィルムや袋などに採用されています（表7-4、図7-3）。半透明の最終的外観をもたらす半結晶性ポリエステルです。農業用マルチフィルムとして採用されています。

表7-4●PCLの主要物性（参考値）
（出所：小松技術士事務所）

| 項目 | | 単位 | 試験方法 | 備考 |
|---|---|---|---|---|
| 原材料 | 石油 | | | 生分解性 |
| 比重量 | 1.05～1.14 | $g/cm^3$ | ISO1183 | |
| 荷重たわみ温度 | 46～57 | ℃ | ISO75 | |
| 流動性 | 3～4.5 | g/10min | ISO1133 | MFR190℃、2.16kg |
| 引張強さ | 230 | MPa | ISO527 | |
| 伸び | 135 | % | ISO527 | |

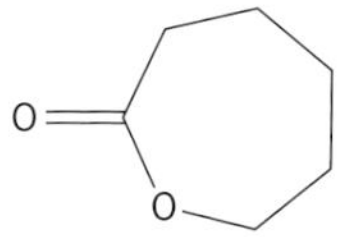


図7-3●PCLの化学構造
（出所：小松技術士事務所）

## 7.4 ポリ・ブチレン・サクシネート（PBS）

ポリ・ブチレン・サクシネート（PBS）は、石油由来のコハク酸と1, 4-ブタンジオールとの重合によって作られるプラスチックです（表7-5、図7-4）。最近は、でんぷんや古紙から抽出したセルロースを原材料としてバイオマスからコハク酸を製造する技術が開発されています。これをバイオPBSと呼びます。

また、アジピン酸と、1, 4-ブタンジオールからの重合によって作られるプラスチックは、ポリ・ブチレン・サクシネート・アジペート（PBSA）と呼ばれています。

引張伸びが大きく、フィルム成形に適しています。耐衝撃性も良好で、軟質系プラスチックとして実用化されています。また、燃焼時の発



表7-5●PBSの主要物性（参考値）
（出所：小松技術士事務所）

| 項目 | | 単位 | 試験方法 | 備考 |
|---|---|---|---|---|
| 原材料 | 石油、植物 | | | 生分解性 |
| 比重量 | 1.25 | g/cm$^3$ | ISO1183 | |
| 荷重たわみ温度 | 80 | ℃ | ISO75 | |
| 流動性 | 7～15 | g/10min | ISO1133 | MFR190℃、2.16kg |
| 引張強さ | 40 | MPa | ISO527 | |
| 伸び | 350 | % | ISO527 | |

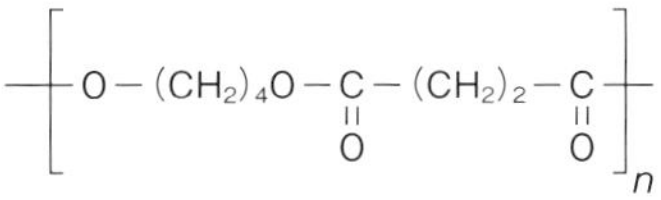


図7-4●PBSの化学構造
（出所：小松技術士事務所）

熱量が低いという特徴があります。射出成形や押出成形、ブロー成形、発泡成形などの加工が可能で、ごみ袋や容器包装、文具、玩具などへの用途が期待されています。

## 7.5 ポリ・ブチレン・アジペート・コ・テレフタレート（PBAT）

**ポリ・ブチレン・アジペート・コ・テレフタレート（PBAT）**は、脂肪族芳香族共重合ポリエステルです（表 7-6、図 7-5）。生分解性プラスチックの中では非常に柔軟で強靱であり、耐加水分解性も優れているので柔軟フィルムに使われます。また、他の生分解性プラスチック、特に植物由来のスターチ・ブレンドやポリ乳酸の改質材としても利用されています。発泡させて緩衝材として利用する方法も始まっています。

表 7-6 ●PBAT の主要物性（参考値）
（出所：小松技術士事務所）

| 項目 | | 単位 | 試験方法 | 備考 |
|---|---|---|---|---|
| 原材料 | 石油 | | | 生分解性 |
| 比重量 | 1.25～1.27 | $g/cm^3$ | ISO1183 | |
| 軟化温度 | 80 | ℃ | ISO75 | |
| 流動性 | 2.5～10 | g/10min | ISO1133 | MFR190 ℃、2.16kg |
| 引張強さ | 11～15 | MPa | ISO527 | |
| 伸び | 580～820 | % | ISO527 | |

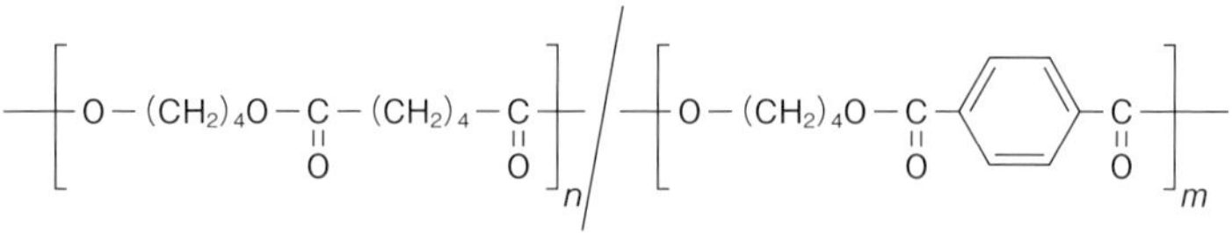


図 7-5 ●PBAT の化学構造
（出所：小松技術士事務所）

## 7.6 スターチ・ブレンド

トウモロコシやサツマイモなどに含まれるでんぷん（グルコースポリマー）は、単独ではプラスチックの性質はありませんが、エステル化やエーテル化、グラフト重合などによりプラスチックへ変換することが可能です。これらを**スターチ・ブレンド**と呼びます（表 7-7）。他の生分解性プラスチックとブレンドすることも可能です。

熱安定性や耐水性に優れています。マルチフィルムやネットなど、農業分野や食品包装、緩衝材、雑貨などの生分解性を生かせる用途向けに利用が進んでいます。セルロース素材との親和性を生かし、木材合板やパルプモールドなどのバイオマス製品の接着剤やコーティング剤としても利用されています。ポリ乳酸や PBS などとのコンポジット化の検討も進んでいます。



表 7-7 ●スターチ・ブレンドの主要物性（参考値）
（出所：小松技術士事務所）

| 項目 | | 単位 | 試験方法 | 備考 |
| --- | --- | --- | --- | --- |
| 原材料 | 植物 | | | 生分解性 |
| 比重量 | 1.27～1.38 | g/cm$^3$ | ISO1183 | |
| 荷重たわみ温度 | 32～62 | ℃ | ISO75 | |
| 流動性 | 5～6 | g/10min | ISO1133 | MFR190 ℃、2.16kg |
| 引張強さ | 23.1 | MPa | ISO527 | |
| 伸び | 10.7 | % | ISO527 | |

## 7.7 PHBH

**PHBH** は、微生物が植物油を摂取し、高分子として体内に蓄えたものを取り出したプラスチックです（表 7-8、図 7-6）。より専門的には、3HB と(R)-3-ヒドロキシアルカノエート（3HHx）から成る共重合ポリエステルとなります。結晶性のプラスチックで、3HHx の比率が高まるほど結晶性が低下し、結果として軟質性が向上します。PHBH は 3HHx 比率を調節することで、ポリプロピレン（PP）や高密度ポリエチレン（HDPE）を含む広範な物性をカバーすることができるといわれています。

加えて、PHBH は海洋での生分解速度が著しく速いという特性があります。

表 7-8 ●PHBH の主要物性（参考値）
（出所：小松技術士事務所）

| 項目 | | 単位 | 試験方法 | 備考 |
|---|---|---|---|---|
| 原材料 | 微生物 | | | 生分解性 |
| 比重量 | 1.2 | $g/cm^3$ | ISO1183 | |
| 融点 | 127～151 | ℃ | ISO75 | |
| 引張強さ | 20～23 | MPa | ISO527 | |
| 伸び | 400～850 | % | ISO527 | |

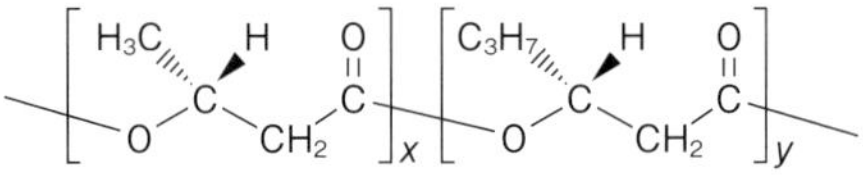


図 7-6 ●PHBH の化学構造
（出所：小松技術士事務所）

## 7.8　ポリ・グリコール酸（PGA）

**ポリ・グリコール酸（PGA）**は、最も単純な鎖状脂肪族のポリエステルです（表 7-9、図 7-7）。グリコール酸を出発物質とし、縮合重合または開環重合によって生成されます。生分解性が速く、人体の外科手術用の吸収性縫合糸に採用されています。4～6 カ月程度で縫合糸が生体に取り込まれます。

一方で、高いガスバリアーを備えていて溶融時の流動性が高いため、ポリ乳酸のブローボトルのガスバリアー層としての利用が可能です。そのため、炭酸ガス飲料など向けの生分解性ブローボトルに使えます。北米を中心としたシェールガス・オイルの掘削部材としても採用されています。



表 7-9 ●PGA の主要物性（参考値）
（出所：小松技術士事務所）

| 項目 | | 単位 | 試験方法 | 備考 |
|---|---|---|---|---|
| 原材料 | 石油 | | | 生分解性 |
| 比重量 | 1.5～1.6 | $g/cm^3$ | ISO1183 | |
| 荷重たわみ温度 | 168 | ℃ | ISO75 | |
| 流動性 | 8～20 | g/10min | ISO1133 | MFR190℃、2.16kg |
| 引張強さ | 117 | MPa | ISO527 | |
| 伸び | 13 | % | ISO527 | |

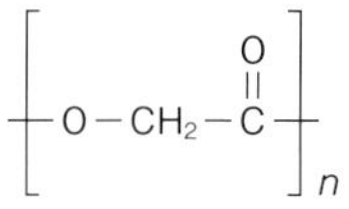

図 7-7 ●PGA の化学構造
（出所：小松技術士事務所）

## 7.9 ヘミセルロース（Hemicellulose）

**ヘミセルロース**は、水に対して不溶性を備えた、植物細胞壁に含まれる多糖類の総称です（表7-10、図7-8）。ただし、セルロースを除きます。代表的なものにキシランがあります。生分解性や流動性、透明性など多様な機能がある非結晶性のプラスチックです。

ヘミセルロースは木材に約30％含まれており、世界の年間木材生産量である18億tのうち、ヘミセルロースの産出量は約5億t/年存在します。しかし、利用率は1％未満にとどまっており、ほとんどが廃棄され

表7-10●ヘミセルロースの主要物性（参考値）
（出所：小松技術士事務所）

| 項目 | | 単位 | 試験方法 | 備考 |
|---|---|---|---|---|
| 原材料 | 植物 | | | 生分解性 |
| 比重量 | 1.27 | $g/cm^3$ | ISO1183 | |
| 荷重たわみ温度 | 65 | ℃ | ISO75 | |
| 流動性 | 200 | g/10min | ISO1133 | MFR　230℃、37N |
| 引張強さ | 49 | MPa | ISO527 | |
| 伸び | 9 | % | ISO527 | |

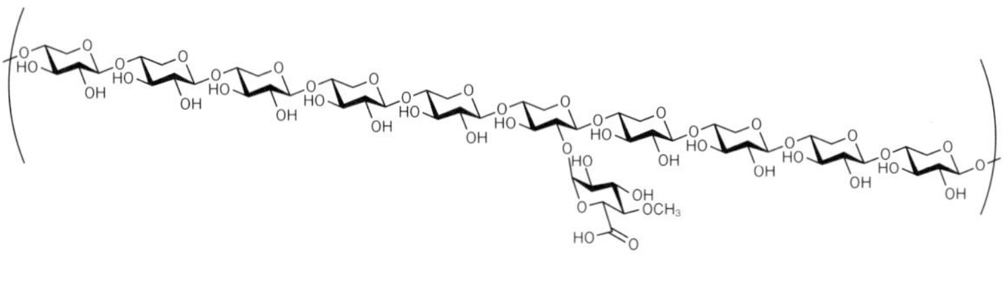


図7-8●ヘミセルロースの化学構造（キシランの例）
（出所：事業革新パートナーズ）

て有効活用されていない状況です。

それでも、植物によって作られるセルロースの加工性、具体的には汎用有機溶媒への可溶化や成形に適した熱可塑性を改良した、さまざまなセルロース誘導体が開発されています。生分解性を高めるための研究も進んでおり、約50日で90％以上の海洋生分解性を備えたものが開発されました。また、半硬質タイプの生分解性プラスチックとして実用化されたものもあります。図7-9にヘミセルロースに関する海洋での生分解性の試験例を示します。

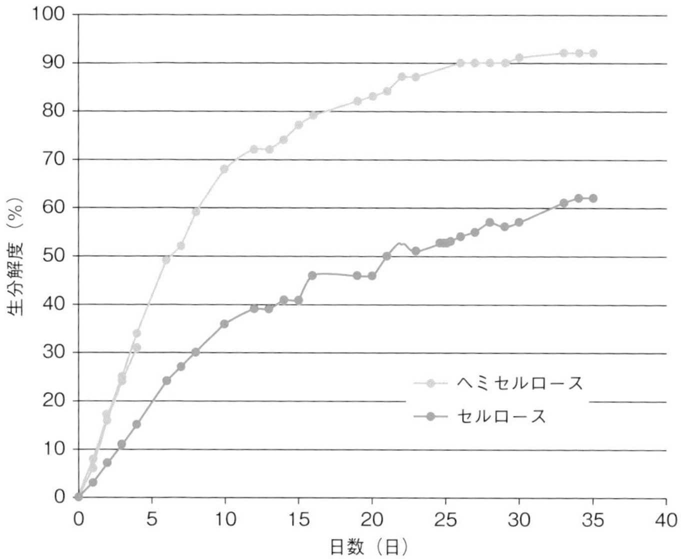


図7-9●ヘミセルロースの海洋生分解性試験
（出所：事業革新パートナーズ）

## 7.10 カゼイン樹脂

**カゼイン樹脂**は、牛乳に含まれるレンネットカゼイン（タンパク質の一種）にホルムアルデヒドや酢酸を反応させて生成されるプラスチックです（表7-11）。乳白色の光沢があり、機械加工や着色が容易です。カゼイン樹脂は、象牙の代替品として印鑑やピアノの鍵盤、ボタンといった生活雑貨に利用されてきました。現在でも、カゼイン樹脂の約8割がボタン用として製造・販売されています。ボタンの実用面から求められる耐衝撃性や耐薬品性などの各条件を満たしています。

カゼイン樹脂は、海水でも良好に生分解する素材です。水溶性やガスバリア性、可食性といった多様な特長を備えている上に、従来のプラスチックと同様に熱成形や押し出し成形などの加工が可能です。梱包袋や食品包装フィルムとしての採用も始まっています。

表7-11 ●カゼイン樹脂の主要物性（参考値）
（出所：小松技術士事務所）

| 項目 | | 単位 | 試験方法 | 備考 |
|---|---|---|---|---|
| 原材料 | 牛乳 | | | 生分解性 |
| 比重量 | 1.35 | $g/cm^3$ | ISO1183 | |
| 荷重たわみ温度 | 135 | ℃ | ISO75 | |
| 引張強さ | 70 | MPa | ISO527 | |
| 伸び | 2.5 | % | ISO527 | |

参考文献：

1）環境技術解説.「生分解性プラスチック」. 環境展望台. 国立環境研究所.

2）佐藤俊輔. 有川尚志. 小林新吾. 藤木哲也. 松本圭司. 2018 年度生物工学技術賞受賞「微生物による生分解性ポリマーPHBH 製造法の開発」. 生物工学会誌. 第 97 巻. 第 2 号. pp.66-74. 2019 年.

3）常盤豊.「生分解性プラスチックを分解する微生物と天然高分子」. 生物工学会誌. 第 85 巻. 第 6 号. pp.264-266. 2007 年.

4）HEMIX 技術資料. 事業革新パートナーズ.

5）Lactips S.A.. 技術資料.

6）加藤礼一.「カゼインプラスチックス」. 高分子学会. 第 4 巻 1 号. pp.26-30. 40. 1955 年.

## 演習問題（実力を試してみよう）

**Q.1** 本章で取り上げた生分解性のバイオプラスチックの中で、荷重たわみ温度が高いものを 2 つ、低いものを 2 つ示しなさい。

**Q.2** 本章で取り上げた生分解性のバイオプラスチックの中で、流動性が良い（高い）ものを 2 つ、悪い（低い）ものを 2 つ示しなさい。

**Q.3** PLA、PBS、PBAT、PHBH、PGA の全てに共通して含まれる元素を 3 つ挙げなさい。

**Q.4** 本章で列挙した生分解性プラスチックの特徴を踏まえた上で、それぞれの生分解性プラスチックがどのような用途に適しているか、自分の考えを自由にまとめなさい。

**Q.5** 生分解速度が速い生分解性プラスチックの利点と課題を説明しなさ

第7章

い。また、生分解速度が遅い生分解性プラスチックの利点と課題を説明しなさい。

◀ COLUMN ▶

### NPE

「NPE」は、「K」（ドイツ）と「IPF」（日本）と共に世界三大プラスチック見本市と称されるコンベンションの一翼を半世紀にわたって担ってきました。米国・シカゴから常夏の地であるオーランドへ場所を移行してから3回開催されています。「NPE2018」の出展者数は121カ国から2174社で、展示スペースは12万 $m^2$ でした。

NPE2018の会場はフロリダ州オーランドにあるOrange County Convention Center（オレンジカウンティ・コンベンションセンター）で、2018年5月7～11日の5日間開催されました。2018年当時の好調な米国経済に加えて、中国からの製造業回帰の流れもあり、来場者数は前回よりも1.7％増加し、過去最大規模の開催となりました。

大型成形機や包装パッケージ、医療機器、3Dプリンティング、リサイクルなど多彩な切り口から出展やイベントが繰り広げられました。出展者の49％は米国外の企業などであり、欧州、中南米、日本、中国、台湾などから出展がありました。来場者の27％は米国外から訪れ、特にメキシコやブラジルなど中南米からの見学が目立っていました。

筆者は、「NPE1997」以来、NPEの技術調査のために自費渡航していますが、米国プラスチック産業のダイナミックさを示唆する世界屈指の展示会です。

図7-A ●NPE2018シンボルマーク
（出所：Plastics Industry Association）

図7-B ●オレンジカウンティ・コンベンションセンター
（出所：Plastics Industry Association）

# 第8章

# バイオプラスチックの応用製品から学ぶ

# 第8章 バイオプラスチックの応用製品から学ぶ

本章では、バイオプラスチックが実際に応用されている製品の事例を通じて用途や生分解性の必要性などについて解説します。ヒット商品になった製品の特長から活用法を学んでいきましょう。

## 8.1 ポリ乳酸／菓子袋、食品包装

図 8-1 は、ポリ乳酸（PLA）製のコーヒーカプセルです。薄いシート状のポリ乳酸を真空成形（加温して軟化させたシートを金型内へ真空で吸着する成形法）で加工しています。世界で 1 日に飲まれるコーヒー

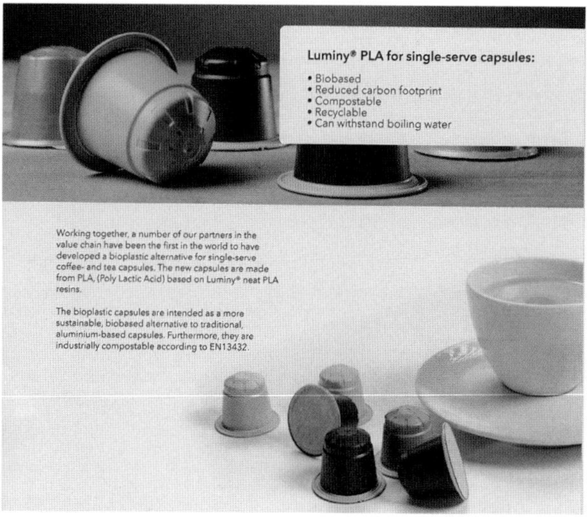


図 8-1 ●ポリ乳酸製使い捨てコーヒーカプセル
（出所：Total Corbion PLA）

の量は膨大な量で、家庭やオフィス、ホテルなどではカプセルタイプの容器が主流になっています。強度と耐熱性が求められるため、従来はアルミニウム（Al）合金で作られていましたが、耐熱性を向上させたポリ乳酸に置き換えられています。

## 8.2 ポリ乳酸／ヨーグルト容器、野菜容器

ヨーグルトや乳製品は比較的賞味期限が短いため、販売期間中に食品との接触によって容器が生分解するリスクは低いといえます。そうしたこともあり、ポリ乳酸のヨーグルト容器は、2019年の時点でドイツとスイスの国内で市販品として大量に流通しています。

図8-2は、筆者が2019年にドイツ・デュッセルドルフのスーパーマーケットで購入したヨーグルトです。透明ポリ乳酸を使って真空成形した容器で、その周囲に紙帯を巻いています。蓋のフィルムは、紙にポ

図8-2●ポリ乳酸製ヨーグルト容器
フランスDanone製のヨーグルト。
（出所：小松技術士事務所）

図 8-3 ●ポリ乳酸製薄肉ヨーグルトカップ事例
（出所：NatureWorks）

リ乳酸をラミネートしたものと推察されます。紙の印刷インクについては詳細が不明ですが、ソイインクなどの植物由来のインクが採用されている可能性があります。

米 NatureWorks（ネイチャーワークス）は、プラスチック見本市「NPE2018」（米国フロリダ州オーランド）において、ポリ乳酸を使った真空成形のヨーグルトカップを展示しました（図8-3）。また、NPE2018の会場では真空成形のポリ乳酸製透明ドリンクカップが大量に使用されていました。ポリ乳酸のシートを真空成形した野菜パック（プチトマトやインゲン豆などを入れる容器）やコンビニエンスストアの透明なサラダ容器は、日本国内でも既に流通が始まっています。

## 8.3 ポリ乳酸／食器

図 8-4 は、耐熱ポリ乳酸を射出成形した食器です。電子レンジ加熱

図 8-4 ●耐熱ナノ・コンポジットポリ乳酸製幼児食器「iiwan」
材料にユニチカの「テラマック」を使用した。（出所：豊栄工業）

や食器洗浄機にも対応しています。層状珪酸塩（粘土の一種）を極限まで微細化（20nm 程度）して混合し、固化時の結晶核として作用させて結晶化を高めることで耐熱性を向上させています。射出成形でこの材料を使って側壁のある容器を加工する場合、金型の温度を 110 ℃に上げて結晶化させる必要があります。固化時の収縮が大きくて金型からの取り出しが困難なため、特殊な金型構造で加工を実現しています。

**図 8-5** は、ポリ乳酸の射出成形品に天然の植物由来塗料である漆を

図 8-5 ●天然漆塗りポリ乳酸製日本酒盃「紫《し》翠《すい》盃《はい》」
（出所：三義漆器店）

塗った日本酒の盃《さかずき》です。生分解性プラスチックの加飾に天然素材を使うことでカーボンニュートラルな食器を実現しています。

## 8.4 ポリ乳酸／薄肉容器

ポリ乳酸の薄肉容器としては、シートを真空成形した製品が流通を始めています。しかし、強度や美しさ、華麗さが求められる製品に真空成形は向いていません。射出成形はこうした要求を実現可能にする加工法ですが、薄肉容器を加工する場合、溶融したポリ乳酸の粘度が非常に高いため、1mm 以下の厚さで容器を作ると途中で固まってしまって加工が困難でした。

図 8-6 は、ポリ乳酸を使って射出成形したカップです。肉厚は 0.65mm となっています。溶融したポリ乳酸に二酸化炭素（$CO_2$）を超臨界状態（気体と液体の両方の特性を持つ状態）にして混合して粘度を

図 8-6 ● $CO_2$ 超臨界射出成形法で加工された薄肉カップ　ティーエヌ製作所製。材料にユニチカのテラマックを使った。背景は地中海。（出所：小松技術士事務所）

下げ、流動性を良好にして成形加工しています。

## 8.5 ポリ乳酸／ヒンジキャップ

図 8-7 は、ポリ乳酸の欠点である硬さや脆《もろ》さを改善し、ポリ乳酸に柔軟性や耐久性を付与する樹脂組成の改良を行ったヒンジキャップ（ワンタッチ式キャップ）の事例です。調味料や飲料品のキャップにも生分解性プラスチックの適用が検討されています。

## 8.6 ポリ乳酸／ミネラルウオーターボトル

ポリ乳酸をブロー成形して透明ボトルを成形する方法が実用化されて

図 8-7 ●ポリ乳酸製ヒンジキャップ
材料にテラマックを使った。
（出所：三笠産業、ユニチカ）

図 8-8 ●ポリ乳酸製ブロー成形ボトルの事例（写真中央部）
ドイツで開催された世界樹脂・ゴム専門見本市「K2019」における Total Corbion PLA（トタルコービオン PLA）の展示ブース。（出所：小松技術士事務所）

います（図 8-8）。既に世界数カ国でミネラルウオーターボトルとして流通しています。ポリ乳酸を熱風で膨らませる際の加工性を改良するために、他の成分と調整を行う検討が進められています。

## 8.7　ポリ乳酸／化粧品容器

化粧品容器は現在、石油由来の非分解性プラスチックで作られており、使用後は世界中で大量に廃棄されています。ファッション業界では持続可能性（サステナビリティー）を重視するトレンドが欧州を中心に流行の兆しを見せており、化粧品容器にバイオプラスチックの採用を検討する動きが始まっています。図 8-9 は、ナノ・コンポジットポリ乳酸で出来た化粧石鹸容器の事例です。

図 8-9 ●ポリ乳酸製化粧品容器の事例
豊栄工業製。「エコプロダクツ 2010」におけるユニチカの展示ブース。（出所：小松技術士事務所，ユニチカマスコットガール 2010，ERICA）

## 8.8 ポリ乳酸／骨壺



土壌中で生分解するポリ乳酸の特性を生かして骨壺が実用化されています。図 8-10 は、福島県いわき市役所が提案して実用化された樹木葬用の骨壺の事例です。少子化が進展する中、墓地管理のスタイルも多様

図 8-10 ●ポリ乳酸製骨壺の事例
材料にテラマックを使った。
（出所：いわき民報）

化してきており、国土の狭い日本では樹木葬墓園の需要が年々増加しています。埋葬後にやがて生分解することで自然界へ還《かえ》るというコンセプトの賛同者が増えているために実現したものです。

## 8.9 ポリ乳酸／天然繊維

ポリ乳酸の強度を高めるために、強化繊維を混合する方法が検討されています。図 8-11 は、ドイツの研究機関である Fraunhofer Institute for Chemical Technology（Fraunhofer ICT）が開発中の事例です。手前側のダンベル試験片は、麻繊維をポリ乳酸へ混合させたサンプルです。セルロース系の生分解性繊維で強化することでカーボンニュートラルを目指しています。右から 2 番目のフラスコにはココヤシ繊維が入っています。天然繊維はバイオマスであり、その多くは生分解します。

図 8-11 ●ポリ乳酸の天然繊維強化の事例
K2019 における Fraunhofer ICT の展示ブース。
（出所：小松技術士事務所）

図 8-12 ●BIO-BASED FOAMS の事例
K2019 における Fraunhofer ICT の展示ブース。（出所：小松技術士事務所）

また、後方の白色のダンベル試験片は、ポリ乳酸をガラス繊維で強化したサンプルです。ガラスは生分解しませんが、土中のケイ素などの成分と考えれば生分解時に土壌汚染は起こしません。燃焼処理時にも $CO_2$ は発生しないので、強度が必要な部材への適用を目指しているものと思われます。

また、Fraunhofer ICT ではバイオマス由来で生分解する樹脂（明確な素材名は不明）を発泡させた BIO-BASED FOAMS の応用研究も行っています（図 8-12）。発泡構造は気泡内部の空気によって熱の遮断が可能で、暖房や冷房の省エネルギーに明らかな効果があります。建設資材に使用すれば、将来建物を取り壊す際に発生するプラスチック発泡剤を燃焼処理せずに生分解が可能です。



## 8.10　ポリ乳酸／紙粉、タンブラー

バイオマスの中で古紙を再生利用する試みとして実用化されているのが、ポリ乳酸と古紙粉を混合させた素材です。古紙を粉末化して混合さ

図8-13●「PAPLUS」を使ったマルチエコカップ
（出所：カミーノ、ニールズヤード レメディーズ）

せることで、流動性を付与して射出成形やブロー成形でユニークな製品を加工することができます（図8-13）。古紙の混合比率が高くなり過ぎると金型の樹脂注入口で詰まってしまうので、超臨界窒素を混合させて流動性を高める方法が実用化されています。その場合、製品の断面中央部に微細な発泡層が形成されるため、断熱性があり、軽量化できる付加価値が得られます。

また、紙コップなどの製品では内側にポリエチレンなどの非分解性プラスチックの薄膜がラミネートされている製品が一般的です。そのため、それを剥がしてから古紙粉にしないとせっかくの生分解性が損なわれてしまうため注意が必要です。

## 8.11 スターチ・ブレンド／買物袋

スターチ・ブレンドは、軟質で薄く伸ばしたフィルムとしての利用が欧州を中心に進んでいます。図8-14は、レジ袋として採用された事例です。ゴミ袋や包装フィルムとしても利用されています。

## 8.12 バイオPBS／紙コップ

図8-15は、バイオPBS（ポリ・ブチレン・サクシネート、植物を原料としたPBS）で射出成形されたカトラリー（スプーンやフォークなど）です。PBSは、生分解性プラスチックの中では強度が高い部類に属しているため、硬質の製品に向いています。温暖化ガスを削減するために、石油からではなく植物へ原材料を変更したバイオPBSの需要が伸びています。

図8-14●スターチ・ブレンド製買物袋
イタリアNovamont製のMater-Bi。（出所：Novamont）

図8-15●バイオPBS製カトラリー
（出所：タイPTT MCC BiochemのWebサイト）

図 8-16●バイオ PBS 製ラミネート紙コップ
（出所：PTT MCC Biochem の Web サイト）

**図 8-16** は、紙コップの内側のラミネート層にバイオ PBS を採用した事例です。紙コップは吸水性があり、紙のみでは飲料が浸み込んでしまうので、撥水《はっすい》性のある素材でコーティングする必要があります。従来は石油由来ポリエチレンでコーティングする方法が大半でしたが、これを置き換えるのが目的です。紙もバイオ PBS も生分解する上、バイオマス由来なので環境保全に有効な製品です。

## 8.13 PBAT＋PLA／農業用マルチフィルム

**図 8-17** は、ポリ・ブチレン・アジペート・コ・テレフタレート（PBAT）とポリ乳酸（PLA）のフィルムの事例です。左側はレジ袋、右側は黒色のマルチフィルムです。PBAT は石油由来ですが、良好な生分解性を備えています。PLA は植物由来で生分解性があるため、カーボンニュートラルです。PBAT を PLA に混ぜることで、$CO_2$ の発生量を減らしつつ生分解する軟質フィルムとして実用化しています。

欧州ではレジ袋や農業用途での採用が進んでいます。海洋プラスチッ

図 8-17 ●PBAT「ecovio」フィルムの事例
（出所：ドイツ BASF）

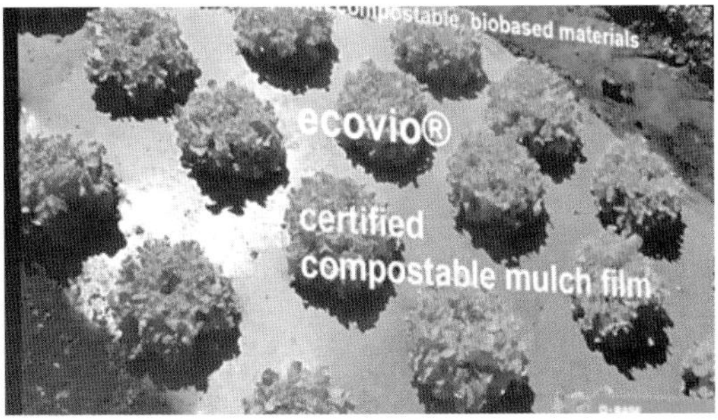


図 8-18 ●PBAT「ecovio」マルチフィルムの畑での使用例
（出所：BASF）



クゴミの削減に有効です。図 8-18 は、畑でのマルチフィルムの使用例です。黒色にすることで保温効果を持たせ、土壌の保湿を実現しつつ、肥料の流出を防いで作物の生育を促します。作物の収穫後に生分解が進むようにフィルムの膜厚を調整したり、断面構造を工夫したりするアイデアが考えられます。

## 8.14　PBAT+PLA／発泡容器

図 8-19 は、PBAT と PLA の混合素材を発泡剤によって発泡させた

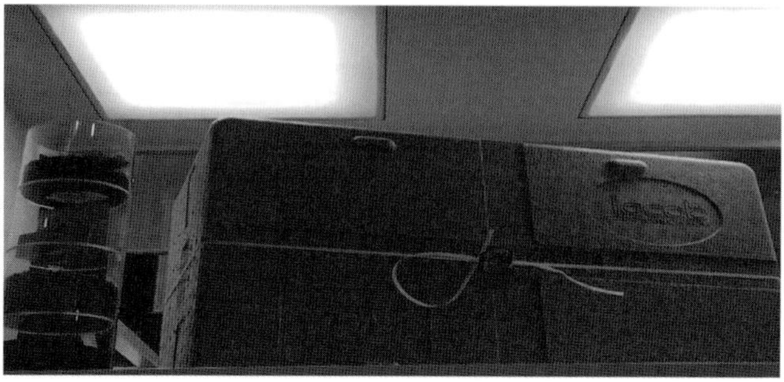

図 8-19●PBAT「ecovio」で発泡成形された梱包箱
「K2016」における BASF の展示ブース。左側の透明ケース内が樹脂ペレット。（出所：小松技術士事務所）

梱包箱の事例です。ドイツ BASF は、PBAT（「ecoflex」）と PLA から成るクローズドセルの発泡・生分解性樹脂「ecovio」ペレットの販売を 2016 年にスタートさせました。使い捨て梱包資材や発泡スチロールの代替が期待され、海洋プラスチックゴミ対策に効果があると考えられます。

魚介類や野菜・果物、冷凍食品パッケージ、家電製品などの梱包箱や資材への利用が想定されます。食品接触時（フードコンタクト）の安全性を確立できれば、惣菜容器やカップ麺容器への展開も視野に入るでしょう。

## 8.15 PHBH／食器

図 8-20 は、PHBH 製カトラリーの事例です。射出成形によって硬質の製品への展開が可能です。PHBH は海洋中での生分解速度が速いという特徴があります。微生物の活動によって素材を生産するため、ペ

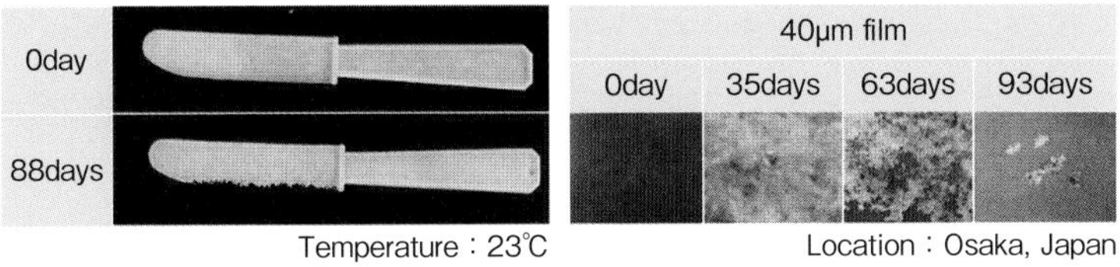


図 8-20 ●PHBH 製のナイフと海洋での生分解の様子
（出所：カネカ、K2019 のパンフレット）

レットの生産に時間がかかります。こうした背景から現在は素材の大量生産に取り組んでいるさなかのようです。海洋関連の製品への適用が期待されています。

## 8.16 ヘミセルロース／生分解性ペレット

図 8-21 は、ヘミセルロースをプラスチックペレットにした事例です。ヘミセルロースには海洋での生分解速度が速いという特徴があり、

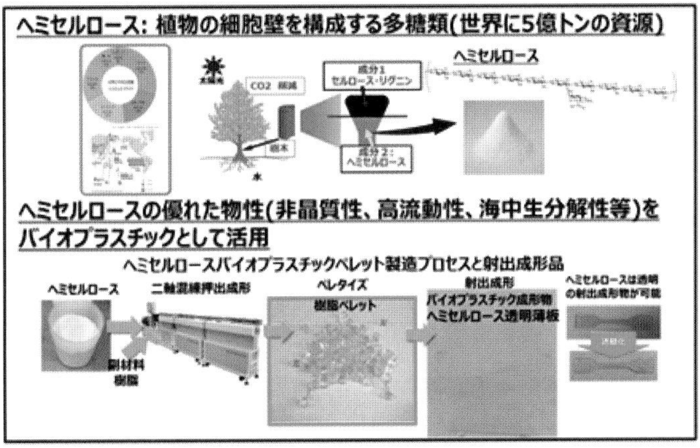


図 8-21 ●ヘミセルロース生分解性プラスチック「HEMIX」
（出所：事業革新パートナーズ）

透明で、流動性が良好です。素材単体でフィルムへ加工できる他、ペレット化して射出成形品に加工することも可能です。加えて、他の生分解性プラスチックに添加することで、海洋での生分解性を加速する効果も期待されています。

石油由来・非分解性プラスチックであるアクリル樹脂にヘミセルロースを添加すると流動性が著しく改善され、光透過率も良好である効果が確認されています。石油由来プラスチックの使用量を削減する効果も得られます。

ヘミセルロースを活用したバイオプラスチック材料は、事業革新パートナーズ（川崎市）が研究開発・製造を行い、「HEMIX」という商標で日本や欧州、米国、東南アジアを中心に販売を開始しています。また、$CO_2$の削減効果を最大化するために、樹木の間伐材や食品工場で使われないカスや残《ざん》渣《さ》からヘミセルロースを抽出し、バイオプラスチック製品を作る研究も進められています。

## 8.17 カゼインプラスチック／洗濯物袋

図8-22は、カゼインプラスチックで作られた洗濯物袋です。新型コロナウイルス感染症の蔓延により、世界中の病院やホテルは、ウイルス感染の可能性のある衣類やタオルなどを連日大量に洗濯しなければなりません。そのために、洗濯物を入れる使い捨てプラスチック袋が大量に消費されています。この事例は、生分解性が著しく速く、洗濯中に冷水や温水中で生分解する透明プラスチック袋です。この袋に衣類などを直

図8-22●早期生分解するカゼインプラスチック製洗濯物袋
〔出所：フランスLactipsのWebサイト〕

接入れ、洗濯業者がそのまま洗濯機へ投入すれば、袋は洗濯終了後に生分解しています。

これまで大量に廃棄もしくは燃焼処理されていたプラスチック袋を大幅に削減することができる上に、袋の開封時に新型コロナウイルスと接触する機会を大きく減らすことが可能です。

カゼインプラスチックは従来、ボタンなどの硬質製品に限定的にしか使われていませんでしたが、新型コロナウイルスの蔓延防止対策を契機に、新しい使用方法が見出されてきています。

## 8.18 バイオポリエチレン／洗剤容器

図8-23は、バイオポリエチレン製の洗剤容器です。バイオポリエチレンは非分解性ですが、植物を原材料としています。そのため、水銀や鉛などの重金属を含有していない上に、燃焼時の$CO_2$の排出に関しては

図 8-23 ●バイオポリエチレン「I'm green」の洗剤容器
K2016 における Braskem の展示ブース。（出所：小松技術士事務所）

カーボンニュートラルです。しかし、海洋流出時はマイクロプラスチック化するため、地上でのリサイクルの対応が求められます。

バイオポリエチレンの生産供給の世界的なリーディング企業は、ブラジル Braskem（ブラスケム）です。サトウキビを原材料とするバイオポリエチレン「I'm green」を使った食品パッケージやブロー成形ボトル、飲料用キャップなどを実用化しています。

## 8.19 バイオ PET／ミネラルウオーターボトル

バイオポリエチレン・テレフタレートを含有したミネラルウオーターボトルは、世界で既に流通を始めています。バイオポリエチレン・テレフタレートは植物由来ですが、従来の石油由来ポリエチレン・テレフタレートと化学構造は同じです。植物由来なので燃焼時の$CO_2$の排出についてはカーボンニュートラルです。しかし、海洋流出時はマイクロプラスチック化するため、地上でのリサイクルの対応が求められます。

災害への備えやフードロスの削減として長期間保存する水や飲料、食品などの容器には生分解しないプラスチックが必要です。欧州では廃棄後の容器を回収して再ペレット化する方法（メカニカルリサイクル）や、発電所の燃料として使用するサーマル（熱）リサイクル（プラスチック廃棄物を専門の燃料として火力発電し、効率の悪い石炭・石油火力発電所を停止する考え）、石油に近い状態にまで化学処理して再利用するケミカルリサイクルが検討されています。

## 8.20 【参考】木材・プラスチック複合材料（WPC）



図 8-24 は、木粉にポリプロピレン（PP）を混合させた素材の射出成形品の事例です。木材とプラスチックとの複合体は、今日の社会の要求を満たすいくつかの好ましい特性を備えています。その1つは環境調

図 8-24 ● WPC 射出成形品の事例
（出所：フランス Woodforce）

和性であり、木質原料として建築廃材や未利用材（おがくずや間伐材など）への利用が可能で、廃棄されたプラスチックを利用できます。

木粉とプラスチックを原料とする木材・プラスチック複合材料を**WPC（Wood Plastic Composite）**と呼んでいます。JIS A 5741 (2016) では、リサイクルされた木質系原料やプラスチックを質量割合で 40 %以上使った WPC を「木材・プラスチック再生複合材（WPRC：Wood Plastic Recycled Composite)」と定義しています。

家電製品や自動車内装品、建築資材（ウッドデッキなど）であれば、廃棄時に回収して粉砕や溶解により、再度ペレット化してリサイクルすることが可能です。使い捨てにされる場合は、生分解性プラスチックでなければ海洋マイクロプラスチックの原因となります。燃焼処理させた場合には、バイオマス由来ではないプラスチックは温暖化ガスとなる $CO_2$ が放出されます。従って、そのことを使用者へ明示する産業マナーが求められます。善良な住宅建材メーカーや欧州企業は、当初からリサイクル可能な製品へ適用する前提で製品化しています。

日本の環境省の定義によれば、WPC はバイオマス由来のプラスチックを使用するか、または生分解性プラスチックを使用しなければバイオプラスチックには該当しません。

WPC と類似する考えで、ナチュラルファイバーをプラスチックにコンポジットする手法が以前から使用されています。ナチュラルファイバーとは、木材や紙などの天然繊維のことです。これをナチュラルファイバーコンポジットと呼びます。原油価格の高騰によって化石資源由来（石油由来）のプラスチックの材料価格が上昇に向かう場合に、原材料コストを低減するために安価なナチュラルファイバーを増量剤として混ぜる考え方です。

ナチュラルファイバーの含有率を 30～60 %程度に増やすことで、石油由来のプラスチックの使用量を確実に減らすことができます。これまで使用されてきたナチュラルファイバーには以下のようなものがあります。

(1) 木粉

(2) 紙粉

(3) 竹粉

(4) ヤシ殻粉

(5) 葉粉

(6) 麻粉

ナチュラルファイバーの物性としては、以下の項目を検討する必要があります。

①粉の形状

②粉の含有量

③粉の物性（生化学的性質や燃焼性、分解性などを含む）

④粉の混ぜ方（ダイレクト混合やペレット供給など）

⑤粉のサイズ

⑥粉の色

### ⑦粉のポリマーとの結合性と相性

粉（ナチュラルファイバー）の含有量を増やせばプラスチックの使用量をより減らすことができますが、代わりに流動性が悪くなり、成形品の機械強度が低下する傾向にあります。どの程度までナチュラルファイバーを使用できるかについては、使用する成形品の品質特性を踏まえて商品企画部門とも十分に検討する必要があります。雑貨や園芸、土木、緩衝材、水産関連、玩具などの分野では、広範なアイテムでナチュラルファイバーコンポジットを採用できる可能性があります。

参考文献：

1）特許第4511959号,「ポリ乳酸含有樹脂製耐熱性中空体の製造方法」.

2）特許第4699568号,「肉薄容器の製造方法」.

3）特許第4923281号,「成形体及びその製造方法」.

4）「ウッド・プラスチックのしおり」, 木材・プラスチック複合材部会, 日本木材加工技術協会.

5）ミスミ,「技術情報」（https://jp.misumi-ec.com/tech-info/）.

6）Michio Komatsu, "INJECTION MOLDING PROCESS OF HEAT RESISTANT HOLLOW ARTICLES MADE OF POLYLACTIC ACID CONTAINING RESIN", ASIATEC2011, Society of Plastics Engineers（USA）, 2011/2/15.

7）小松道男,「ポリ乳酸の射出成形金型技術と超臨界微細発泡射出成形への応用」, エコマテリアルの実社会展開のための技術開発動向, 高分子学会, エコマテリアル研究会, pp.1-4, 2009年3月12日.

## 演習問題（実力を試してみよう）

**Q.1** 本章で紹介したバイオプラスチック製品の事例の中で、あなたが最も興味を抱いた製品を挙げ、その理由を説明しなさい。また、より良い製品を作るためにどのような改良をすればいいか説明しなさい。

**Q.2** ポリ乳酸に古紙紛を混合させる際に留意しなければならないことを答えなさい。

**Q.3** 木材とプラスチックを複合させた素材であるWPCは、社会の欲求を満たすいくつかの好ましい特性を備えています。このような素材を使用した製品を販売する企業に求められる産業マナーとはどのようなものか答えなさい。

**Q.4** 非分解性のバイオプラスチックの利点と弱点を説明しなさい。また、弱点を克服する方法についてあなたの考えを述べなさい。

**Q.5** 生分解性プラスチックを発泡させる利点を説明しなさい。



◀ COLUMN ▶

### IPF Japan

「IPF」は、日本で３年の会期で開催されるプラスチック見本市で、「K」および「NPE」と並んで世界三大プラスチック見本市と称されてきました。会場は千葉市の幕張メッセで、８ホールを使って射出成形機やブロー成形機、押出成形機、プラスチック原材料、金型などが出展されます。近年は中国で「CHINAPLAS」が開催されるようになりましたが、アジアでは最も最新鋭のハイレベルな技術が出展される見本市として世界中から注目されています。主催は、国際プラスチックフェア協議会です。

「IPF2011」ではバイオマスプラスチックに関する技術セミナーを幕張メッセ国際会議場で開催し、400人近い参加者がありました。直近では、2020年に開催予定でしたが、新型コロナウイルス禍の影響で2020年11月18～20日の3日間にわたってオンライン形式で「IPF Japan 2020 Virtual」が開催されました。次回は2023年に幕張メッセで開催される予定です。

図8-A●「IPF2020」ロゴマーク
（出所：国際プラスチックフェア協議会）

# 第9章

## バイオプラスチックの品質・安全性

# 第9章 バイオプラスチックの品質・安全性

## 9.1 バイオプラスチックの品質試験方法

バイオプラスチックを社会で実用化するためには、強度や耐熱性などの物性や使用可能な期間の目安と、有害物質を溶出させず、有害物質化しない安全性の科学的な検証が必要です。現代の社会では製品や人の往来が世界規模で行われるため、科学的な検証は1つの国だけで行われるのでは不十分です。世界で共通の試験方法や表示方法を考えていく必要があります。バイオプラスチックは歴史の浅い素材であるため、高い倫理観で世界が協力して良い方向に導く必要があります。

日本はバイオプラスチックの実用化の当初より、欧州や米国などの先進国の科学者や企業と密接に情報共有しながら、バイオプラスチックの社会実装の取り組みを進めてきました。1989 年には循環型社会の実現に重要な役割を果たす新素材であるバイオプラスチックの普及促進と試験・評価制度の確立を目的に、生分解性プラスチック研究会〔現在の日本バイオプラスチック協会（JBPA）の前身団体〕が民間で設立されました。1992 年には日本の提案に基づき、国際標準化機構（ISO）に生分解度試験法標準化部会が発足しました。

日本バイオプラスチック協会は、2000 年に「グリーンプラ識別表示制度」の運用を開始し、さらに 2006 年には「バイオマスプラ識別表示制度」の運用を開始しています。

## 9.2 バイオプラスチックの識別表示制度

### 9.2.1 グリーンプラ識別表示制度

グリーンプラ識別表示制度は、図 9-1 に示すグリーンプラマークを製品に表示することで、消費者が安全性や生分解性を視覚的にすぐに確認できることを目指す制度です。

有害な重金属類を基本的に含まず、生分解性と安全性が一定基準以上にあることが確認された材料で構成されるプラスチック製品をグリーンプラ製品と認定し、製品にシンボルマークを付けることを許可する制度です。

生分解性と安全性を確認した材料については、その全てをあらかじめポジティブリストとして公開します。プラスチック加工を行う人は、製品を成形するのに使用できる材料かを事前に確認できます。ポジティブリストに記載されていない有機化合物を使用したい場合には、その化合物について生分解性と安全性が確認された分析証明書を添えて、ポジ

図 9-1 ●グリーンプラマーク
（出所：日本バイオプラスチック協会の Web サイト）

ティブリスト物質として追加申請します。**ポジティブリスト**方式により、消費者は常に安全性・生分解性が確認された材料を知ることができます。

**図 9-2** にグリーンプラの識別基準を示します。この中に、①生分解性と②毒性、環境安全性についての基準が記されています。

①生分解性

グリーンプラ製品に使うことが可能な有機化合物は、紙や樹木などの天然の有機物か、生分解性が国際標準分析法に基づいた、生分解速度で

グリーンプラ：JBPAによる識別基準

1. 製品の構成

・製品中の生分解性プラスチック＋天然有機材料 ≧ 50wt.% or 50vol.%
無機材料の含有量 < 50wt.%
・Cd、Pb、Cr、As、Hg、Cu、Se、Ni、Zn、Mo、F：特定量以下
・全ての構成材料はポジティブリスト記載材料 であること

原則情報公開性

グリーンプラ中の
無機元素含有量の上限値

| 元素 | mg/kg-製品（：ppm-製品） |
|---|---|
| Cd | 0.5 |
| Pb | 50.0 |
| Cr | 50.0 |
| As | 3.5 |
| Hg | 0.5 |
| Cu | 37.5 |
| Se | 0.75 |
| Ni | 25.0 |
| Zn | 150.0 |
| Mo | 1.0 |
| F | 100.0 |

2. PL記載基準①生分解性

・製品中に含まれる1wt.%以上の全ての有機材料が
①JIS K6950 or JIS K6951 or JIS K6953-1 or JIS K6953-2 or JIS K6955 or
②OECD 301C（修正前MITI試験-易分解性試験）
のいずれかで試験して60%以上の生分解度のものであること
※ただし、1wt.%未満の非生分解性有機材料の合計は5%未満でなければならない

3. PL記載基準②毒性、環境安全性

・製品中に含まれる生分解性ポリマーの生分解中間体の安全性が確認されていること
・製品中の全ての有機材料が
①食品添加物として認められている、or
②LD50（経口）＞2000mg/kg、or
③LD50（経口）＞300mg/kg、and
環境急性毒性 LC50（藻類、ミジンコ、ヒメダカ）＞100mg/l
を満たしているものであること

図 9-2 ●グリーンプラの識別基準
（出所：日本バイオプラスチック協会の Web サイト）

60 %以上のものに限られます。生分解速度は、有機廃棄物や紙・樹木などと同じ程度にコンポスト施設内で微生物分解を受けることを意味し、紙や樹木よりも遅い微生物分解を受ける有機合成化合物はグリーンプラ製品に使うことはできません。グリーンプラ製品の再資源化とは、コンポスト施設によるコンポスト化が本来の姿と考えられています。

②毒性、環境安全性

グリーンプラ製品に使用できる有機化合物は、天然有機物や食品添加物として登録されているもの、または一定の安全性が確認されたものに限られます。法令により毒物・危険物と指定された化合物は認められません。その骨格は以下の通りです。

基本属性：「生分解性」と「安全性」が確認された材料の提供

製品構成：ポジティブリスト方式（基本属性の確認された材料を開示）

生分解性：日本産業規格（JIS）に基づいた測定＋国際基準と整合し得る基準

環境安全性：法規制のある毒物・危険物でないこと

識別表示法：統一シンボルマーク

グリーンプラ製品を含む有機性廃棄物から製造したコンポストの安全性については、モデル事業を通して確認されています。日本バイオプラスチック協会は、グリーンプラが資源循環型社会の基盤的な補完資材であるとの認識から、普及促進を使命としています。そのため、識別基準を明確にし、グリーンプラ製品が環境負荷の低いプラスチック製品であることを一般消費者に認識してもらい、利用促進を図るために本制度が制定されました。

グリーンプラ識別表示制度は、通商産業省（当時）生物化学産業課がバイオインダストリー協会（JBA）に委託した「バイオインダストリー安全性向上対策調査―生分解性プラスチックの安全性等に関する調査―」の中で制定した原案を規準としており、第三者性（公開性・中立性）が極めて高い認証制度の一種といえます。さらに、日本に先行して市場の成立している欧州連合（EU）および北米における同種認証制度との整合性も高いことにも特徴があります。本制度は1998年度に骨子がまとめられ、1999年度に生分解性プラスチック研究会での運営を前提にした制度案を作成して、2000年度通常総会で承認を得て今日に至っています。

### 9.2.2 バイオマスプラ識別表示制度

グリーンプラ識別表示制度は生分解性プラスチックの最高レベルの素材認証ですが、認証基準を満たさない素材であっても有害物質を含まず、バイオマスプラスチックの使用量が多い素材を別の認証基準で認定するのが、**バイオマスプラマーク制度**です（図9-3）。当初はバイオマ

図9-3●バイオマスプラマーク
（出所：日本バイオプラスチック
協会のWebサイト）

スプラの認証を得て、その後に材料の改良によってグリーンプラマーク認証へレベルアップさせたい開発途上の素材や、実質的にほとんどが生分解しても生分解しない残渣《ざんさ》の合計が5％を超える素材にインセンティブを与える意義があります。

バイオマスプラマーク基準の概要は次の通りです。

・ポジティブリスト記載のバイオマスプラスチックを使用すること。
・製品中のバイオマスプラスチック度が、25.0 質量％以上のプラスチック製品。
・日本バイオプラスチック協会指定の使用禁止物質を含まないこと。
・バイオマスプラスチック度：原材料や製品に含まれるバイオマスプラスチック組成中のバイオマス由来成分の全体量に対する割合（質量％）。

### 9.2.3　海外の識別表示制度



海外の先進国を中心に日本と同趣旨の識別表示制度が運用されています。詳細な認証基準は、各国で微妙に異なっているため、その国で識別表示の認証を得るためには現時点では各国で改めて認証手続きをする必要があります。

ドイツではドイツ工業規格認証機関（DIN CERTCO）が、DIN EN13432 および ASTM D6400 に基づくコンポスト化可能プラスチックの識別表示制度を運営しています（図 9-4）。

ベルギーでは Vinçotte が、EN13432 に基づくコンポスト化可能プラ

図 9-4 ●ドイツのコンポスト化可能プラスチックの識別表示マーク
（出所：https://www.dincertco.de/din-certco/en/main-navigation/products-and-services/certification-of-products/environmental-field/products-made-of-compostable-materials-for-home-and-garden-composting）

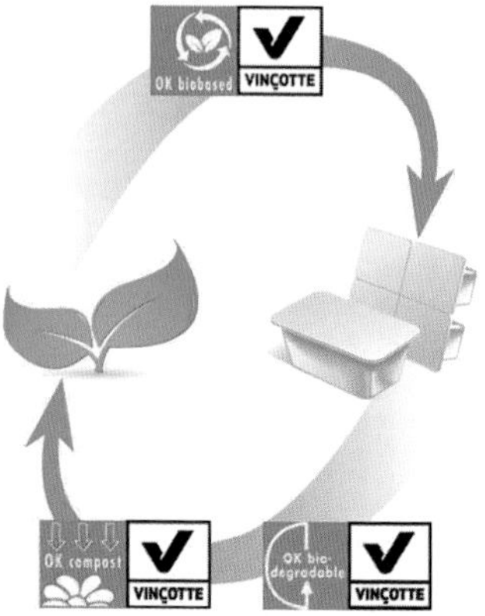


図 9-5 ●ベルギーのコンポスト化可能プラスチックの識別表示マーク
（出所：http://www.vincotte.pl/）

図 9-6 ●米国のコンポスト化可能プラスチックの識別表示マーク
（出所：https://bpiworld.org/）

スチックの識別表示制度（OK compost）を運営しています（図 9-5）。

米国では米生分解性プラスチック製品協会（BPI）が、ASTM D6400 に基づくコンポスト化可能プラスチックの識別表示制度を運営しています（図 9-6）。

## 9.3 バイオプラスチックのリサイクル

バイオプラスチックをリサイクルする方法は大きく4つあります（詳しくは第10章で説明します）。[1] **オーガニックリサイクル**、[2] **メカニカルリサイクル**、[3] サーマルリサイクル、[4] ケミカルリサイクルです。このうち、バイオプラスチックの主要なリサイクル方法は [1] のオーガニックリサイクルと [2] のメカニカルリサイクルの2つです(図 9-7)。

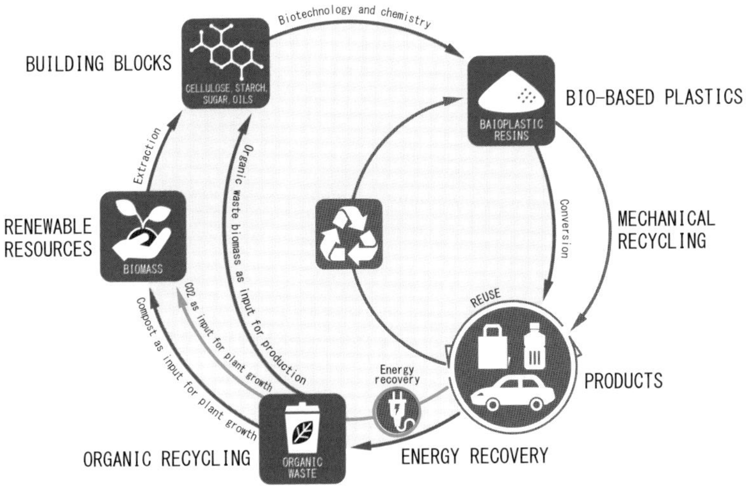


図 9-7 ●生分解性プラスチックの主要なリサイクル方法は２つ
（出所：European Bioplastics の資料を基に日経クロステックが作成）

［1］オーガニックリサイクル

生分解性プラスチックだけができる理想的なリサイクル方法です。土壌中などの微生物の活動により水と二酸化炭素（$CO_2$）に生分解させ、植物の光合成によってでんぷん、糖へ変化させる循環サイクルです。

［2］メカニカルリサイクル

熱可塑性プラスチックであれば生分解性か非分解性かを問わず適用できるリサイクル方法です。廃棄されたプラスチック製品を刃物や粉砕装置で破片に砕いた後、加熱によって溶融させてペレット化してリサイクルします。粉砕や加熱で電気エネルギーを消費するため、$CO_2$ の増加を見込む必要があります。しかし、廃棄物の燃焼による大気中への $CO_2$ の増加を抑止する効果があります。

再生されたペレットは、再加熱によって分子量が低下して粉砕時の異物混入などの可能性があるため、プラスチックとしての品質が低下するのは仕方がありません。異なる種類のプラスチックが混在するのをどうやって分別すればよいか、課題が残っています。

［3］サーマルリサイクル

サーマルリサイクルは、回収されたプラスチック廃棄物を火力発電所の燃料として使用し、発生した熱によって効率的に発電させるリサイクル方法です。当然、燃焼により大気中に $CO_2$ が放出されますが、発電効率を高めた分に相当する石炭火力発電所などを閉鎖し、相対的な大気中への $CO_2$ 排出量を減らす効果があります。

プラスチック廃棄物を大量に収集して燃料供給を絶やさないように、広域で分別収集する仕組みが必要です。既にドイツではこのタイプの発電所が運用スタートしています。

[4] ケミカルリサイクル

プラスチック廃棄物を種類ごとに分別回収し、化学プロセスによってナフサレベルの石油製品にまで還元して新たにプラスチックを合成するリサイクル方法です。廃棄されたプラスチックは、原油からプラスチックを合成するよりも効率的に新たなプラスチックを合成する原料になり得ます。そのためには、同種類のプラスチックを大量に回収する仕組みが必要で、回収するトラックのガソリン消費など$CO_2$排出の収支計算をきちんと見極める必要があります。

ドイツは大掛かりなケミカルリサイクルの試験プラントの稼働を目指しています。

参考文献：
1）日本バイオプラスチック協会（JBPA）.（http://www.jbpaweb.net/）



## 演習問題（実力を試してみよう）

Q.1 「グリーンプラ識別表示制度」とはどのような制度か説明しなさい。

Q.2 グリーンプラ製品とバイオマスプラ製品の違いを説明しなさい。

Q.3 本章で取り上げた世界の生分解性プラスチックの識別表示制度の審査基準は共通しているか答えなさい。

Q.4 本章で取り上げたリサイクル方法の課題を答えなさい。

# 第10章

# バイオプラスチック製品の加工方法

# 第10章 バイオプラスチック製品の加工方法

本章では、バイオプラスチックを製品に加工する方法を紹介します。基本的に、化石資源由来・非分解性プラスチック製品の加工に使われてきた方法を採用することが可能です。一般にバイオプラスチックは融点が低く、流動性が良好なタイプと極度に悪いタイプがあり、それらの特徴によって加工の条件（加熱温度や冷却温度、充填圧力など）を適正化する必要があります。

## 10.1 シート成形法

**シート成形法**は、下敷きやフィルムのように薄く連続したフィルム状の製品を加工する方法です。バイオプラスチックのペレット（粒）を加熱したシリンダー内に投入し、溶融した後に押し出して、冷却してから所望の長さに切断したり、ロールに巻き取ったりします（図 10-1）。

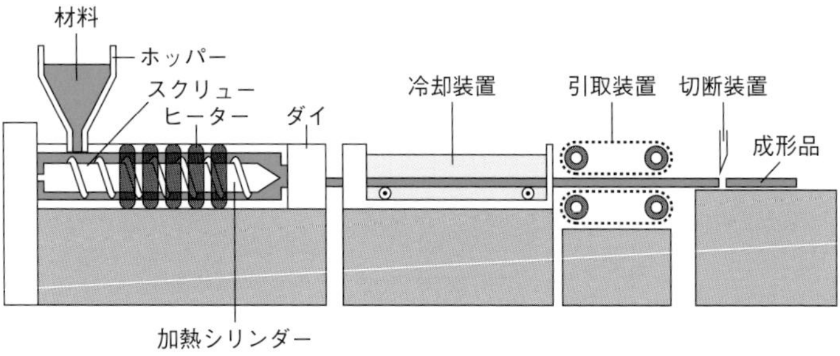


図 10-1 ●シート成形法
（出所：小松技術士事務所）

シート同士を貼り合わせて袋に加工したり、板状の製品に加工したりすることが可能です。シート成形法では、完成したシートを数十m単位でロールに巻き取ったり、長尺のフィルムにして重ねたりします。畑や温室栽培用のシートや大量のレジ袋やごみ袋もこの方法で加工します。シート成形は装置産業的な事業で実施されています。

## 10.2 真空成形法

**真空成形法**は、バイオプラスチックのシートを金型の上に置いて加熱し、シートの上部からプラグを押し込んで変形させます。同時に、金型の底部から真空で吸引し、金型の彫り込んだ形状に変形させる加工法です（図 10-2）。

卵やイチゴ、豆類のパックや、使い捨てドリンクカップなどの加工に使用されます。シートの厚さが厚くなると加工が困難になります。

成形品のデザインは単純形状に限定されており、表面に模様や文字を精密に転写することは困難です。成形品の縁を丸めたり、成形品の底面



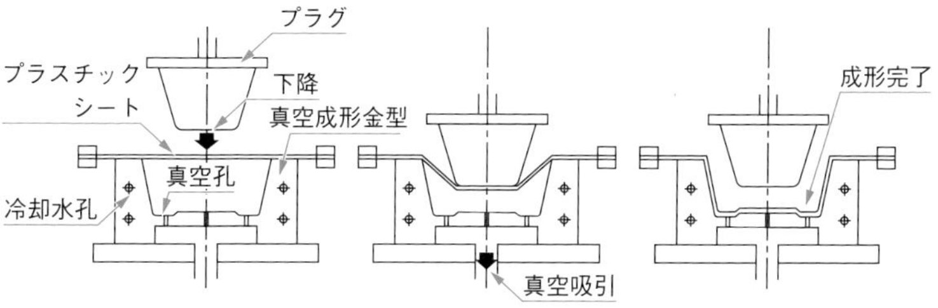


図 10-2 ●真空成形法
（出所：ミスミ）

に凹《くぼ》みを設けて強度を増したりする工夫も施されます。

成形品のサイズや形状にもよりますが、真空成形は1度に10〜20個取りの金型で加工するので生産性が高く、安価なコストで量産が可能です。大量生産に適している半面、加工費が割高になるため、多種少量生産には向いていません。

## 10.3 ブロー成形法

**ブロー成形法**は、ペット〔ポリエチレンテレフタレート（PET）〕ボトルなどを作る加工法です（図10-3、図10-4）。金型の内部に溶融したチューブ状のバイオプラスチックを押し出し、金型を閉じてから温風を吹き込んでボトルの形状に加工します。成形品の内側が中空になっている製品の加工に使われます。これをダイレクトブロー成形法と呼びます。

他に、射出成形で最初に試験管のような形状のパリソンを加工しておき、このパリソンをブロー成形機に取り付けて、温風を吹き込んでボト

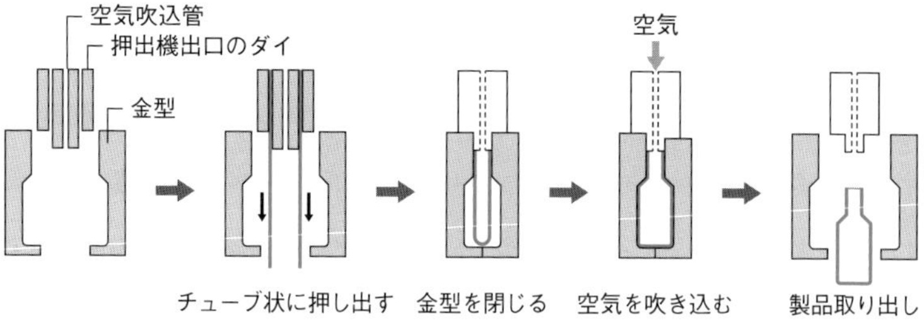


図10-3●ブロー成形法
（出所：小松技術士事務所）

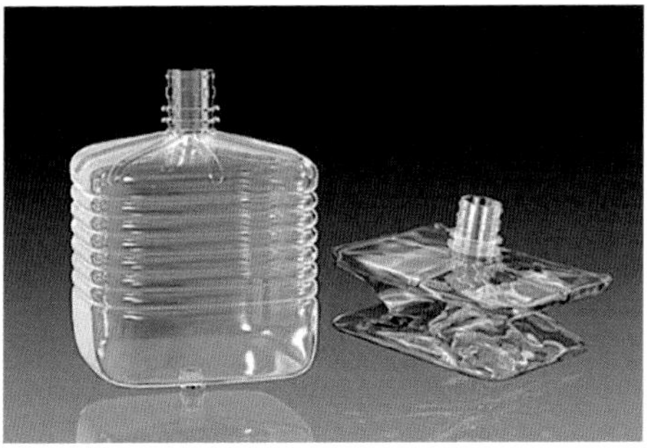

図 10-4 ●ブロー成形品の事例
（出所：日精エー・エス・ビー機械の Web サイト）

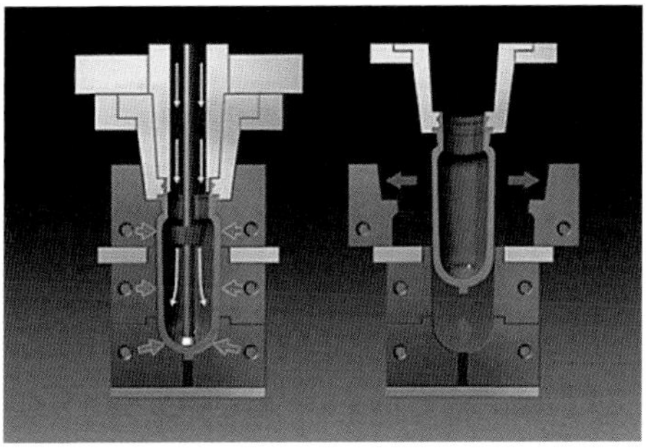

図 10-5 ●ブロー成形と金型の事例
（出所：日精エー・エス・ビー機械の Web サイト）



ルの形状に加工する方法もあります。これをパリソンブロー成形法と呼びます。

ブロー成形で使用する金型は、基本的に凹み形状のみで形成されています（図 10-5）。金型の材料には、冷却効率を高めて加工時間を短縮するために、ジュラルミン（アルミニウム合金）やステンレス鋼が使われています。

ブロー成形では、温風の吹き出し条件〔温度や吹き込み速度、吹き込み圧力、吹き込み回数（フッ、フッ、フッーと3回吹き込むなど)〕や、金型温度制御などの加工条件を調整します。パリソンブロー成形の場合は、パリソンの断面肉厚設計を工夫し、温風による膨張時にボトルが裂けない形状や、しわが発生しない形状などの設計が極めて重要になります。

バイオプラスチックの場合、温風による膨張時の伸びを抑えたり、ボトルが裂けるのを防いだりするために、バイオプラスチックに他のバイオプラスチックや化学成分を混合させて改良を行う場合があります。その際には、有害物質が発生しないことや、生分解性を損なわないことなどを検討する必要があります。

## 10.4　射出成形法

**射出成形法**は、バイオプラスチックのペレットを加熱したシリンダー内へ投入し、スクリューで混錬した後、**金型**の内部へ射出。製品形状を転写した後に冷却固化させ、金型を開いて成形品を取り出す加工法です(図10-6)。

この方法では、肉厚の厚い製品を加工することができます。加えて、金型に精密な模様や形状を加工しておけば、美麗な模様や形状の精密転写が可能です。射出成形法は日本国内におけるプラスチックの加工方法の8割程度を占めています。

射出成形法には精密金型が必要です。そのため、成形品の寸法精度や形状などを技術的に検討して金型を設計・製作します。バイオプラス

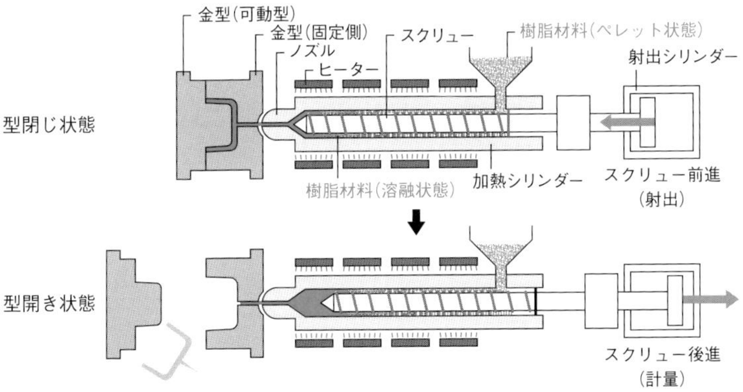


図 10-6●射出成形法
(出所：小松技術士事務所)

チック用の金型を設計・製作するには、石油由来・非分解性プラスチックとは異なる特性に対応するために、しかるべきノウハウが必要です。

ナノ・コンポジットポリ乳酸（PLA）や薄肉容器の**超臨界射出成形**で使用する**射出成形機**には、特殊なプロセスを搭載したものが開発されています（図 10-7）。

バイオプラスチックの射出成形では、ペレット向けに専用の**除湿・乾燥システム**が必要になる場合があります。特に、生分解性プラスチックは大気中の水分を吸湿することが知られており、ペレットを溶解する前に十分な除湿・乾燥が必要になるケースがあります。除湿・乾燥が不十分なまま溶解させると、加水分解して強度低下などの原因になります。

水の沸点は 100 ℃であるのに対し、バイオプラスチックの加工時の融点は 190～250 ℃程度です。この温度で加熱するため、射出成形機の溶融シリンダーの中で、水分は沸点を超えて水蒸気状態になっています。この水蒸気によってバイオプラスチックの加水分解が始まり、強度や透

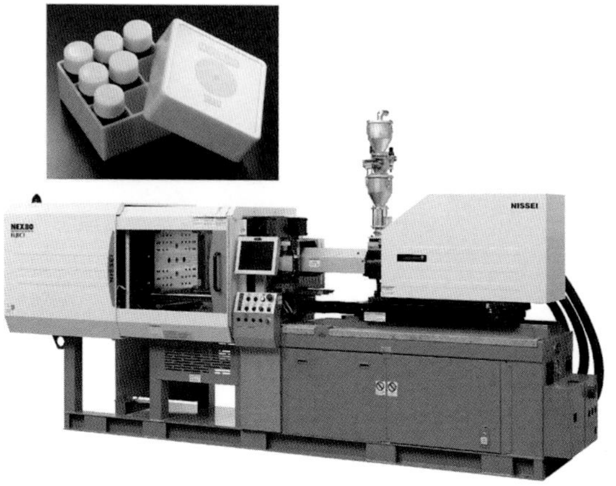

図 10-7 ●ポリ乳酸専用射出成形機の事例
製品名は「N-PLAjet」。（出所：日精樹脂工業）

明度などが損なわれる可能性があるのです。ペレットから水分をできる限り除去することが望ましいというのは、これが理由です。

ペレット中の水分は、エアコンの除湿装置のように強制除去することが求められます。また、除湿後のペレットを保持する管理装置も必要となります。

また、ペレットが加温によってブロッキング（菓子の「雷おこし」のように固まること）する場合があり、これに対処する機能を持った専用システムも開発されています。ブロッキングを起こしてしまうと、成形機のシリンダー内にペレットを落下させることが不可能になり、材料を供給できなくなります（図 10-8）。

射出成形では、金型の温度制御がとても重要です。バイオプラスチックの種類による適切な金型温度の範囲に維持できるように**金型温度調節器**を使用します。金型の温度は、20～110 ℃程度の範囲に制御します。

図 10-8●生分解性プラスチック対応除湿熱風乾燥機の事例 製品名は「MJ5-i」。（出所：松井製作所）

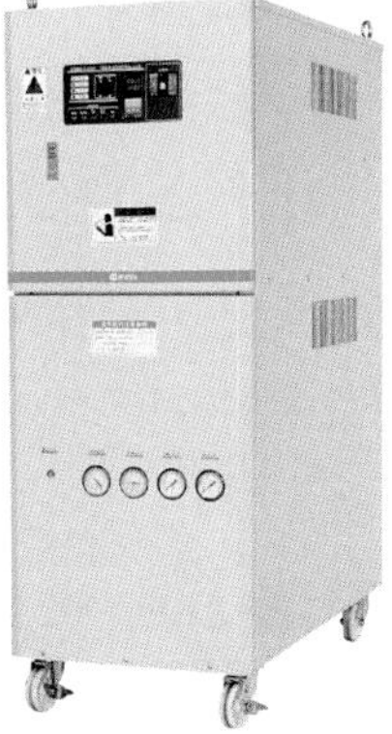

図 10-9●水冷式金型冷温調機「MCX」の事例（出所：松井製作所）

冷水や温水、加圧スチームなどの切り分けにより所望の温度範囲に制御します。バイオプラスチック用に冷水・温水を 1 台で切り替えられる温度調節器も開発されています（図 10-9）。

また、金型の温度制御には、金型内への冷却水の循環回路を適切に付与する必要があります。通常は、金型の中で成形品形状を転写する部分の近傍に、切削工具で冷却水を流す穴開け加工を施します。冷却効率を飛躍的に向上させるために、最近では金属粉末にレーザービームを照射する**金属粉末 3D プリンター**で金型を造形する技術が実用化されています（図 10-10）。

この加工法を使えば、金型の成形品形状から 3～5mm 程度の近傍に螺《ら》旋《せん》状の冷却水循環回路を形成できます。効果的に冷却を行うことで冷却時間が短縮され、成形加工コストを削減することが可能になります。また、成形品の寸法変動を抑制し、成形品の光沢を維持できるなどの効果

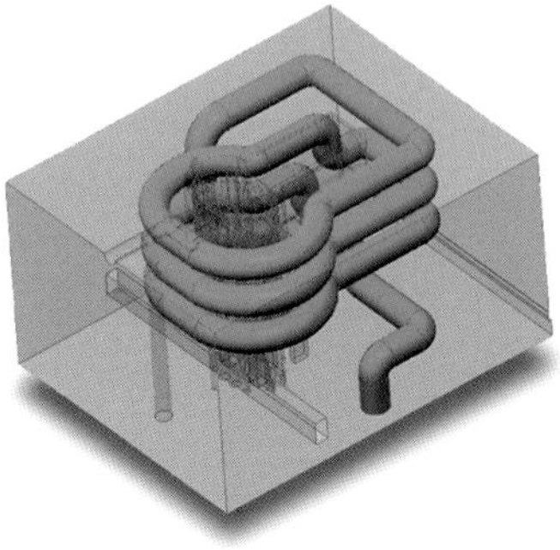

図 10-10 ●金型への 3 次元冷却水循環回路の形成事例
（出所：ソディック）

も得られます。

透明なデザインのバイオプラスチック成形品の金型では、金型へのこうした冷却回路の付与が重要な基盤技術になります。

プラスチック射出成形用金型では、溶けたプラスチック材料を流動状態のまま金型の内部に流入させ、**キャビティ**（溶けたプラスチックが流動して成形品になる空洞部分）内を充填。充填完了後は冷却固化させ、成形品の形状に固定させるプロセスを経ることになります。

この一連のプロセスの中で、プラスチックが流動状態の間はキャビティ表面温度が高い方が流動性が良く、低い圧力で安定した充填が可能になります。半面、冷却固化させる場合には、成形サイクルを短縮させて経済効率を改善するために、できる限り低いキャビティ表面温度の方が望ましいといえます。

こうしたキャビティ表面温度の制御を数秒～数十秒の時間内で対応させることは、通常の金型構造では簡単ではありません。そこで一般に、こうした相反するキャビティ表面温度のコントロールを折衷させた温度帯を選定し、水冷やカートリッジヒーターで温度制御を行っています。

また、キャビティ表面の温度分布は、温度差が小さい方が収縮状態を安定させ、反りや変形、表面光沢などの差を小さくするのに有効です。結晶性樹脂の場合には、結晶粒の大きさや分布の安定化にも効果があります。

プラスチック射出成形用金型の温度制御に関しては、熱の移動について次の3つの形態が考えられます。

[1] **熱伝導**（材料内部における熱の移動）

[2] **対流**（液相から固相への熱移動）

[3] **輻射**（電磁的な放射による熱移動）

射出成形用金型における実際の熱の移動は複雑で、解析するのは困難です。熱収支の計算では、ある程度の方向性を確認しつつ、局部的な対策は実験データや経験則を活用する。そうして、成形品品質の実現やサイクルタイムの適正化を図るアプローチ手法を採るのが現実的だと考えられます。一方で、CEAを用いたシミュレーションの実用化も進んでいます。

いずれにせよ、今後登場してくる新しいバイオプラスチック材料にとって、金型内で熱の移動をどのように正確に管理するかが重要であるということは共通課題であるといえます。熱を保持するのか、それとも解放させるのか。そのコンセプトを金型設計の段階でよく検討することが、ますます重要になってきます。

加えて、射出成形では射出成形機から成形品まで溶融樹脂を流す**流路（ランナー）**が必要になります。通常は、ランナーは冷却固化させて成形品と一緒に取り出しますが、ランナーは最終的には切断して廃棄されます。廃棄されたランナーを再溶解して使用することは可能ですが、物性が低下したり、異物が混入したりするため、十分な品質管理が必要になります。非分解性のバイオプラスチックの場合、ランナーを再生利用できない場合には廃棄物として埋設したり、燃焼処理しなければならず、環境負荷になります。

ランナーを排出しない技術としてホットランナーという技術が確立されています。ホットランナーは、金型の中に専用のシステムを組み込み、常時電気ヒーターでバイオプラスチックを溶融して保持し、金型内への射出後に成形品との接触部を固化させて自動切断します（図10-11）。**ホットランナー**を使用すれば、スクラップの排出ゼロを実現でき

図10-11●ホットランナーの事例
（出所：モールド・マスターズ）

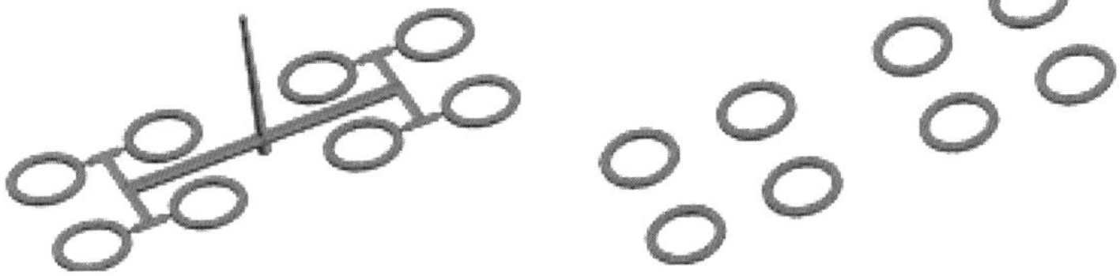

図 10-12●ホットランナーの効果
左が通常のランナーを、右がホットランナーを採用したもの。（出所：双葉電子工業）

ます。

**図 10-12** は、左側が通常の射出成形によるランナーと成形品で、右側がホットランナーを使った成形品です。通常の射出成形では、ランナーから分岐して8個の成形品（リング状キャビティ）にバイオプラスチックを充填します。これに対し、ホットランナーでは成形品の1つずつに対してホットランナーが付与されているので、ランナーは一切発生しません。この事例ではランナーの比率が 40 %くらいあるため、材料のロスが非常に大きなものになります。これに対し、ホットランナーでは材料のロスは発生しません。

ホットランナーを金型に搭載するには装置代が必要ですが、大量生産の場合、材料ロスの低減によるコスト削減と、成形加工時の冷却時間短縮によるコスト削減の累計を検討すると、ホットランナー搭載の方が経済的になり得ます。大量の生産計画があるバイオプラスチック製品の射出成形では、ホットランナーを採用する方が望ましいといえます。

ホットランナーの最新技術に**バルブゲート**があります。バルブゲートは、成形品とランナーの切断を機械的に切断するバルブを搭載しています。

図 10-13●PET ボトル用ホットランナー金型の事例
カナダ Mold-Masters（モールド・マスターズ）が「K2019」に出展したもの。1 度に 144 個のパリソンを加工できる。（出所：小松技術士事務所）

日本の射出成形用金型におけるホットランナーの採用率は 10 ％程度ですが、欧米では 40 ％程度採用されています。廃棄物ゼロ化を目指す上で、ホットランナーの適用は有効な手段です。欧米でのホットランナー多数個取り金型の事例を図 10-13 に示します。

PET ボトルのブロー成形に使用する 144 個のパリソンを 1 回の射出成形で加工できます。スクラップは排出されないので、材料のロスが発生しません。欧米ではポリ乳酸のパリソンについても、このクラスの金型で射出成形が行われています。

ホットランナーは、電気的に加熱するランナー部を金型に内蔵することにより、スクラップとなるランナー部を全く発生させずに射出成形ができる特徴を備えています。プラスチック射出成形品は大量生産するため、ホットランナーを使えばスクラップを極小化できます。そのため、材料コストやスクラップ処理コストを大きく減らすことが可能です。

加えて、コールドランナーで発生する充填圧力損出が小さくなるため、充填圧力を低くすることもできます。さらに、冷却サイクルの短縮化も図れます。日本国内でも食品容器や医療用具、自動車部品などで多数の使用実績があります。

ホットランナーシステムは、機構部分がマニホールド部分とノズル部分に大別されます。また、ホットランナー部の温度制御を行うコントローラーが必要になります。

ホットランナーは、自社内で設計・製作を行う場合と、市販のシステムを購入して採用する場合とがありますが、市販のシステムを購入して応用する方法が普及しています。国内外の20社ぐらいが市販のシステムを提供しており、それぞれが加熱方式や伝熱構造に技術的な特徴を持っています。例えば、ノズルの加熱方式には外部加熱方式や内部加熱方式があります。また、ゲートを強制的、かつ機械的に開閉させるバルブゲート構造なども開発されています。

ホットランナーには、プラスチックの種類によって使用できるタイプと成形が困難なタイプがあります。従って、樹脂の種類やガラス繊維の有無などについて、事前に十分に検討しなければなりません。

金型の設計では、ホットランナーやマニホールドの組み込み部の構造、熱膨張対策、冷却構造、メンテナンス構造などを考案しなければなりません。一般の金型設計とは異なり、熱計算や強度計算を十分に検討する必要があります。

また、ホットランナーは成形品の生産数量が少ないと、初期投資の回収が困難になります。従って、その金型で何個くらいの計画生産を行うのかについて、綿密に企画・検証しなければなりません。

最近では、材料価格の高いプラスチック成形品の開発などでバルブゲートや新型のホットランナーが採用される傾向が見られます。従って、依然として材料価格が高いバイオプラスチックには適しているといえます。成形コストを極小化し、環境調和の成形を実現する手段として徐々に日本でも普及が進んでいくことでしょう。

ホットランナーは、加熱や射出方式などでいろいろな種類の構造が実用化されています。主なホットランナーの構造と特徴は次の通りです。

(1) オープンゲート構造

・ノズル温度を一定に制御する。

・構造が簡便で構成部品も少ない。

・温度制御にノウハウが必要。

・ゲート部が固まりやすい。

・樹脂によってはゲート部の糸引きが発生しやすい。

(2) オン-オフ制御構造

・射出時にゲートを加熱し、射出終了時にゲートを放冷する。

・比較的構造は簡素。

・温度調節がシンプル。

・ゲートシールが良い。

・専用熱電対が必要になる。

(3) ホットエッジゲート構造

・ゲート部は金型が開く時（型開き時）にせん断される。

・構造が比較的簡素。

・ゲート固まりが発生しにくい。

・糸引きは発生しない。

・金型形状で適用の制約がある。

(4) バルブゲート構造

・ゲートの開閉はバルブピンで強制的に制御される。

・ゲートシールはメカニカルなため、確実である。

・成形条件のコントロールがしやすい。

・バルブピンの開閉駆動のための動力源が必要。

・バルブピンの摺動保守管理が必要。

・構造は複雑で金型設計にもノウハウが必要。

・価格が高価になる。

## 10.5 プラスチック射出成形品の製造コスト分析

プラスチック射出成形品を製造販売する企業は、実際にどのような項目にいくらぐらいの経費がかかっているのかを慎重に分析し、経営に役立てる必要があります。このような分析のことをコスト分析と言います。コスト分析を行うと、以下の項目が成形品の生産経費として計上されるべきであることが分かります。

**プラスチック成形品のコスト分析**

・材料費

・直接人件費（作業者）

・間接人件費（事務員、管理者）

・損害保険料

・金型償却費

・機械償却費（成形機）

・機械償却費（周辺機器）

・保守管理（メンテナンス）費

・建屋償却費

・電気代

・水道代

・不良対策費

・検査費

・輸送費

場合によってはさらに以下の費用が計上されます。

・2次加工費

・組立費

・技術ライセンス料（特許使用料など）

そして、これらの経費に利益を加算したものが、販売価格になります。販売価格に対する利益の比率を粗利益率（%）と呼び、粗利益から税金を差し引いたものの比率を正味利益率（%）と呼びます。利益率の高い成形品を数多く生産できることが、優良な経営を行うためのポイントとなります。

## 10.6　バイオプラスチック用金型の基本構造

射出成形で使用する金型は市販されておらず、所望するバイオプラスチック製品のデザインに合わせてその都度、設計して製作する必要があります。金型は特殊鋼で出来ており、100万回を超える連続加工でも摩耗や故障が生じないように工夫しなければなりません。金型部品の機械加工や調整には、世界最先端の工作機械技術を使います。極めて硬い特殊鋼を削るため加工時間がかかり、製作に大きな費用がかかります。射出成形では金型の出来栄えが、製品の品質や生産性を大きく支配します。

バイオプラスチック射出成形用金型の開発はまだ日が浅く、世界でさまざまな方法が試行錯誤されている状態です。技術確立には時間がかかりますが、いち早く確立すれば競合企業に対して技術的な優位性を維持することができます。



### 10.6.1　鋼材の選択

バイオプラスチックの多くは熱可塑性プラスチックのため、素材の加熱・冷却によって可塑化と固化を繰り返すことができます。従って、射出成形やブロー成形、真空成形などで金型を使った成形加工が可能です。

金型の基本構造は、熱可塑性プラスチック用金型とほぼ同じです。射出時の樹脂温度は190～230℃程度、金型温度は20～40℃くらいのケースが多く、金型の冷却は水冷方式であることが一般的です。樹脂の種類によっては、結晶化させるために金型温度を100～110℃に保持する場合もあります。

溶融した樹脂から金型の鋼材を腐食するガスや化学物質が発生することはほとんどありません。**金型の材料**には、機械構造用炭素鋼（S55Cなど）や熱間ダイス鋼（SKD61など）、冷間ダイス鋼（SKD11など）、プリハードン鋼、ステンレス鋼などを用途によって選択して使用します。

バイオプラスチックに**天然繊維**（木材やセルロース、紙など）をフィラーで混合させたタイプでは、天然繊維から発生する水分やリグニンなどで鋼材の腐食が生ずる場合があります。その場合は、ステンレス鋼の採用や表面コーティング〔硬質クロムめっきやPVD処理（物理的蒸着被膜）など〕を施します。

### 10.6.2　金型の温度制御

バイオプラスチックの種類により、金型のキャビティ表面温度の適正範囲が決まります。30℃以下の場合は、冷却水をチラーで循環させます。30～85℃の場合は、温水を循環させます。85℃以上の場合はカートリッジヒーターや加圧スチーム、油循環の選択によって温度を維持します。

ポリ乳酸のように樹脂の固化速度が速い素材の場合は、充填時の金型温度を高くし、冷却時の金型温度を急冷できる急加熱・急冷却の金型温度管理方法も検討する価値はあります。また、キャビティの蓄熱部の冷却を効率的に行うために、冷却水路を蓄熱部近傍に設ける方法も有効です。既述の通り、金属粉末 3D プリンターでスパイラル冷却水路を形成する手法も有効です。

### 10.6.3　スプルーデザイン、ランナーデザイン

コールドランナー金型の場合、**スプルー**（射出成形機ノズルから金型への導入部）デザインは熱可塑性プラスチックの一般的な設計指針で対応できます。ポリ乳酸などの流動性が悪い樹脂の場合は、スプルーの離型が悪くなるので抜き勾配は片側 2〜3° と大きくします。スプルーブシュ内面の磨きも良好にすべきです。

ランナーデザインも熱可塑性プラスチックの一般的な設計指針で対応できます。バイオプラスチックの原材料コストは、まだ高い状況にあります。従って、ランナーの太さは、流動性や保圧の機能を最小限満たす水準で細く設計する方が有利です。

ホットランナー金型を、バイオプラスチックの射出成形に適用することは可能です。ホットランナーはスクラップとなるスプルーやランナーを完全に排除したり、最小化したりすることができます。こうすれば、スクラップ処理の工程や処理コストを大幅に削減できる上に、省エネルギーとなって**SDGs（Sustainable Development Goals；持続可能な開発目標）**に貢献することも可能です。

加えて、ホットランナー金型はキャビティ内に低圧で高温状態の溶融樹脂を提供できるので、充填圧力の低減が可能です。その分、流動長を伸ばすことができ、薄肉成形を実現できるというメリットがあります。スプルーが排除されるので金型の開閉ストロークも短くなり、成形サイ

クルを短縮できます。

サーキュラーエコノミー（循環型経済）では廃棄物の削減が課題の1つとなっており、射出成形で発生するスクラップを極小化する上で、ホットランナーは秀逸な技術です。これはバイオプラスチックに限ったことではなく、射出成形全般に当てはまります。

バイオプラスチックにホットランナーを適用する場合、ゲートの切断状態を安定させたり、充填状況を安定させたりするために、バルブゲートの採用が望ましいといえます。バルブゲートは、ホットランナー内にバルブピンを備えており、バルブピンの後部に設けられた空圧や油圧、ステッピングモーターによってバルブピンを開閉して、ゲートと成形品を機械的に切断する構造になっています。

流動長の長い成形品や薄肉成形品では、バルブゲートの採用が適しています。例えば、ポリ乳酸の場合、メルトフローレート（MFR）が低く、流動性が悪いため、バルブゲートは効果的です。

### 10.6.4 ガスベント

バイオプラスチックは多くの場合、簡単な化学構造のため、過熱によって物性が低下したり加水分解が促進されたりするケースがあります。従って、金型内からガスを排気するガスベントを適切に設けなければなりません。また、強制的に吸引してガス抜きを行うことも効果的です。

### 10.6.5 突き出し

バイオプラスチックは一般に、引張強さや圧縮強度、シャルピー衝撃値などの機械的強度がそれほど高くありません。従って、金型におけるコアからの成形品の突き出しを行う際には、成形品が大きく変形したり破損したりしないように、適切な本数と形状の突き出しピンをそろえたり、ストリッパー突き出し構造を使ったりする必要があります。

### 10.6.6 バイオプラスチック金型の事例

バイオプラスチック金型の事例として、ポリ乳酸の射出成形用金型を取り上げて説明します。ポリ乳酸は、透明で若干黄色みを帯びていますが、自然素材の色彩と受け止めれば気になるレベルではないと筆者は考えています。透明な特性を生かし、飲料カップや食品容器、包装資材などで既に多くの採用例があります。

ポリ乳酸そのものは、無害無毒検査や化学物質の溶出試験で安全性が確認されています。ポリオレフィン衛生協議会のポジティブリストにも掲載されており、食品に接触するプラスチックとして15年程度の実績があります。

耐熱温度は、製品肉厚などにもよりますが50～65℃です。そのため、この温度帯で使用する製品に使われています。

ポリ乳酸を射出成形する際の最大の課題は、極めて低い流動性にあります。肉厚が1mmを下回ると、さらに極度に流動性が悪化します。図10-14に、ポリ乳酸のショートショット（充填不良）の事例を示しま

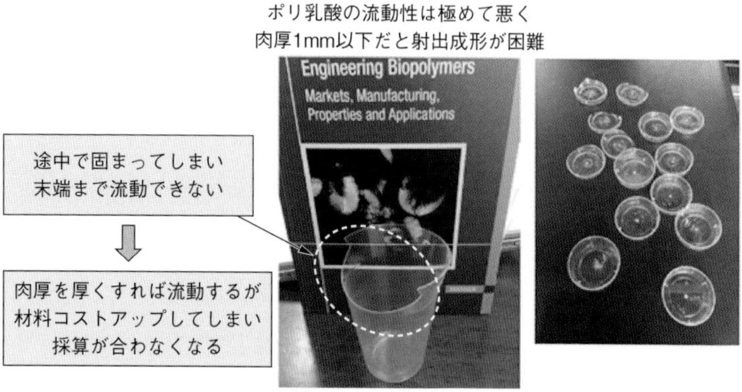


図 10-14 ●ポリ乳酸の通常射出成形における充填不良
（出所：小松技術士事務所）

す。平均肉厚が 0.7mm 程度の容器に対し、底部中央部から 1 点のバルブゲートで充填した場合、充填圧力が 100MPa 程度では底部しか充填できない状態でした（図 10-14 の右）。充填圧力を 180MPa へ上げても、流動長が 100mm 前後で固化してしまいました（図 10-14 の左）。

従って、ポリ乳酸の透明容器は、肉厚が 0.2mm 程度のシートを真空成形して作った製品しか、市場では流通していませんでした。射出成形によって製品化できるようになると、しっかりとした強度で美麗なデザインを実現できます。しかし、肉厚が 1mm を超えると材料コストがポリスチレン（PS）などよりも高価になるため、製品の流通価格からかなり高い位置となって採算が取れなくなってしまいます。

ポリ乳酸の流動性を改良する手法として、可塑剤の添加が考えられます。可塑剤には自然由来の成分が望ましいところです。筆者は可塑剤に二酸化炭素（$CO_2$）の採用を検討し、超臨界状態（7.38MPa 以上、31.1 ℃以上）にした $CO_2$ を溶融ポリ乳酸へ短時間に大量に溶かし込み、粘度を下げられることを発見しました。

さらに、多数個取りで成形加工すれば、成形コストを削減することが可能です。しかし、流動性が良好になったポリ乳酸を複数のキャビティに同時に充填させるには、バルブゲートの開閉のばらつきを微妙に制御しなければならないという新たな課題が出てきました。充填状況は、金型の変形やキャビティの加工精度、ガスベントの状況などによってばらつくのです。そこで、バルブピンの駆動を電磁弁で行うことにしました。これにより、金型の出来上がり状態に合わせてバルブゲートの開閉タイミングを0.01秒レベルで調整することにしたのです。その結果、全キャビティにポリ乳酸を同時に充填させることが可能となりました（図10-15）。製品サイズや金型サイズにも依存しますが、8～16個取り程度が可能です（図10-16、図10-17）。

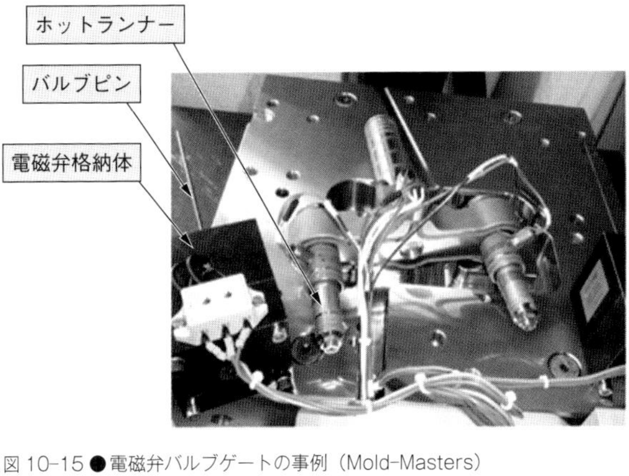


図10-15●電磁弁バルブゲートの事例（Mold-Masters）
（出所：小松技術士事務所）

図 10-16●ポリ乳酸製シャンパングラス射出成形用金型
（出所：日精樹脂工業）

図 10-17●金型による射出成形の様子
日精樹脂工業が「K2019」で展示。（出所：日精樹脂工業）

## 10.7 金型の設計で考慮すべき項目

プラスチック射出成形用金型の設計では、さまざまな切り口から設計項目を検討する必要があります。大局的には以下のような観点からの検討が推奨されます。

(1)　合目的性

金型に要求されている品質やコスト、生産能力、寿命などの目的を明確に実現できること。

(2)　信頼性

金型の品質保証機能や品質安定性、修理時の互換性など成形品の信頼性を確保できること。安心して長時間の連続成形加工ができる操業安定性を有すること。

(3)　経済性

成形品を合理的なコストで生産できること。スクラップの極少化やリサイクル性などのトータルコストが極小化できるようにすること。金型のメンテナンス費用（修理費や修理人件費）が極少化できること。

(4)　独創性

知的財産権やノウハウが含まれるような独創的な設計ができること。これが競争力を生む。

(5)　機械加工性

機械加工しやすい形状に設計すること。

(6)　量産適応性

増面型（追加で加工する金型）を起工した場合に互換性を有すること。

(7)　維持管理性

メンテナンスのしやすさや防錆《ぼうせい》などに配慮されていること。

(8)　標準化

標準規格を活用し、低コスト化や互換性を強化すること。

(9)　理論性

強度や構造などについて、力学などの科学技術の理論で裏打ちされた設計を施すこと。

(10) 安全性

金型の取り扱いや移動、分解、組み立てなどの作業で、安全に金型を取り扱えるような治具や補助機能などに配慮すること。

(11) 運搬性

金型の移動に際し、移動させやすい荷姿や分解搬送ができること。

(12) 低騒音性

金型を使用する際にできる限り騒音が発生しない構造を採用すること。

(13) 電機部品の互換性

センサーやスイッチなどの電機部品に互換性が図られている部品を採用し、修理や調整がしやすいように配慮すること。

## 10.8 金型のメンテナンス性の向上

プラスチック射出成形用金型は、量産成形加工を重ねていく途上で、プラスチックから発生する揮発性ガス成分や油脂、大気中の水分などが、金型部品の表面や部品の分割の隙間に堆積して、充填不良などの成形不良を引き起こす原因となります。従って、金型は定期的に分解清掃クリーニングを行う必要があります。

金型の分解清掃クリーニングは、一般に以下の手順で行います。

[1] 金型の分解

［2］金型部品の洗浄、錆《さ》び落とし、クリーニングなど

［3］金型の組み立て

［4］金型の作動確認

メンテナンスしやすくするには、金型の設計の段階で工夫を盛り込んでおくことが賢明です。以下は、そのアイデアです。

(1) 基準面精度の向上

(2) 部品周囲への逃げの設置

(3) 掘り込みポケット底部への逃げ設定

(4) 部品底面周囲への面取り（C 面取り）

(5) 分解組み立て用補助穴や補助溝の設定

(6) 位置決め部品（キー、ノックピンなど）の設定

(7) 潤滑構造の付与

(8) 部品番号付与ルールの工夫

(9) 金型メンテナンス手順書の準備

(10) ガス抜き構造の工夫



## 10.9 金型の破損

金型は、組み立てる際には必要以上の力は加わりません。しかし、射出成形機に取り付けて成形加工する際には、組み立て時とは異なり、さまざまな外力を受けます。例えば、金型を締め付けている型締め力は数

t～数千 t に及びます。この型締め力が生む圧縮応力に、金型はまず十分に耐える強度を持つ必要があります。

加えて、溶融プラスチックをランナーを介してキャビティ内部にまで完全に充填させるためには、溶融プラスチックに圧力を加えて流し込まなければなりません。溶けたプラスチックは粘り気（粘度）があり、流し込むには相当の押し込む力が必要だからです。その圧力は、スプルー入り口付近では約 100M～200MPa（1000～2000kgf/cm$^2$）に及び、キャビティ内部でも約 20M～60MPa（200～600kgf/cm$^2$）もかかっています。しかも、その圧力は通常は 1 秒もかからない極めて短時間に作用するため、コアピンやキャビティの壁には相当の衝撃が加わることになります。

また、成形品を突き出す際には、成形機のエジェクタロッドによってエジェクタピンが押されます。このエジェクタピンの作動がスムーズでなければ、ピンには過大な圧縮応力が加わり、場合によっては細長いピンは座屈破壊を起こしてしまいます。

このように、金型の部品が破損するプロセスを順を追って振り返ると、それ相応の原因が絡んでいることが分かります。金型の破損を防ぐには、金型を設計する際に、基本的な使用環境（射出圧力や金型構造、作用応力など）を数値で明確化し、金型の実際の作動工程を事前検証することが重要です。基本構造の強度計算や構造上の欠陥などを抱えたままでは、金型が出来上がってからの微調整ではカバーしきれない致命傷に至ることもあるからです。

さらに、金型の部品を機械加工する際や組み立て調整する場合には、金型部品の形状や面の品位、はめあい精度などを理解した加工上の配慮も大切です。機械加工の場合、確かに図面に指示された寸法や精度、公差を満たしていれば最低限の責任を果たすことはできます。しかし、より優れた金型を造るためには、さらに一歩進んで金型部品の機能を理解することが望ましいといえます。

壊れない金型を設計・製作するためには、基本構想と加工組み立ての配慮のバランスを取ることが重要なポイントとなります。

## 10.10 金型の性能評価

プラスチック射出成形用金型の性能を定量的に評価する方法は、日本ではまだ定着しているとは言えません。投資金額に見合うパフォーマンスかどうかを客観的に算定することは重要です。

欧米では、一般に金型の性能評価は以下の事項について行われています。



(1) 成形加工能力

単位時間当たりの成形品の生産可能数量です。1時間当たりの生産可能数量によって評価します。生産可能数量に利益金額を掛ければ、単位時間当たりの粗利金額を算出することができます。1ショットの成形サイクルや取り個数により、成形加工能力を算出することができます。

(2) 不良率

射出成形加工を量産で実施している場合の不良率です。不良品が混入していると、その選別管理やロット不良の対応費用が発生するため、不良率の低い金型は性能が良いということになります。

(3) メンテナンス周期

プラスチック射出成形用加工を量産で進めていく過程では、ガス詰まりやかじり（焼き付き）などの対処として、分解メンテナンスが必須となります。金型のメンテナンスには数時間～数日の単位で時間がかかります。そのメンテナンス費用が生じる上に、その期間に成形加工ができない分の売り上げの減少が生じます。従って、メンテナンス周期が長い金型は性能が良いと評価されます。

(4) 金型コスト

金型を製作するコスト（イニシャルコスト）と維持管理するコスト（ランニングコスト）を総合計したものが、金型の製作・維持のトータルコストになります。このコストが低ければ投資効率が良いと評価されます。イニシャルコストは低くてもランニングコストが高い場合は、結局はトータルコストが高くなる場合があります。そのため、金型の想定寿命との兼ね合いで金型コストの適正な評価が重要になります。

(5) 総合評価

(1) ～ (4) までの評価を総合的に評価します。金型の使用条件により、評価の重要度は変動します。

## 10.11 食品容器金型

使い捨ての食品容器にはプラスチックが大量に使用されています。

PET ボトルや食品のカップ、包装は大半がプラスチックとなっています。

食品容器は、人間が安心して食事ができるように衛生的で、かつ、ばりなどによって唇や舌、指などを傷つけないように品質が管理されている必要があります。また、穴やクラック（割れ）があると、そこから細菌が浸入して食品を腐らせてしまいます。従って、そうした品質不良も許されません。

代表的な食品容器には次のようなものがあります。

・マーガリン容器：ポリプロピレン（PP）
・アイスクリーム容器：耐衝撃性ポリスチレン（ハイインパクト・ポリスチレン；HIPS）、高密度ポリエチレン（HDPE）
・乳酸菌飲料：HIPS
・プリン容器：ポリスチレン（PS）、PP
・菓子容器：HIPS、PP、HDPE
・清涼飲料水ボトル：ポリエチレンテレフタレート（PET）

食品の用途により、耐熱性（暖めて食べるもの用）や耐低温性（冷凍や冷蔵して食べるもの用）、ガスバリア性（酸素に触れないようにして保存したい食品用）といった特性が必要になります。

食品容器は、成形品の意匠性（美的処理）が商品の売れ行きを左右するため、3 次元曲面形状やデザインといった外観品質も重視されます。そのため、成形品のデザインや金型設計では、3 次元ソリッドデータが重要になります。

また、金型の分割面には、ばりが発生するリスクが潜んでいるため、分割面の位置にも配慮が必要です。同様に、ゲートの位置と方法も重要です。

キャビティは、耐食性の良好な鋼材で製作しなければなりません。加えて、金型にはグリースや摺動促進用油の塗布をしないことが望ましいので、無潤滑で安定作動できるような金型構造が推奨されます。

射出成形機は電動式が望ましく、クリーンルーム内での成形加工であれば、さらに良好です。

バルブゲートやホットランナーも採用に値します。大量に生産が見込まれるのであれば、スクラップレスの効果とハイサイクル化は大変魅力的です。

使い捨て食品容器から生み出されるプラスチックゴミが、燃焼処理による温暖化ガスの排出と、海洋マイクロプラスチックの原因になることはよく知られていると思います。今後は、使い捨てのプラスチック食品容器にはバイオプラスチックの置き換えが必須となるでしょう。欧州では近未来に化石資源由来使い捨て食品容器の使用制限や禁止法が施行される可能性があります。バイオプラスチックを使った食品容器を成形する金型の加工技術や工夫をいち早く取り組む必要があります。

参考文献：
1）日精樹脂工業.「PLA 専用射出成形システム N-PLAjet」.
2）モールド・マスターズ．バルブゲート技術資料.
3）松井製作所.「PRODUCT GUIDE 2021、factor4、in molding factories」.
4）ミスミ.「技術情報」（https://jp.misumi-ec.com/tech-info/）.

5) 小松道男,「サーキュラーエコノミーと金型技術」,『型技術』, 日刊工業新聞社, 2020 年 8 月号~連載.

## 演習問題（実力を試してみよう）

**Q.1** 真空成形法で作られている製品を 3 つ挙げなさい。

**Q.2** 射出成形法の特徴を説明しなさい。

**Q.3** バイオプラスチックの射出成形で、ペレット向けに専用の除湿・乾燥システムが必要になる場合を説明しなさい。

**Q.4** ホットランナーの利点と課題点を説明しなさい。

**Q.5** バイオプラスチックの加工技術が確立すると、競合企業に対して技術的な比較優位性を維持できる可能性がある理由を説明しなさい。

# 第11章

## サーキュラーエコノミー

# 第11章 サーキュラーエコノミー

## 11.1 サーキュラーエコノミー（循環型経済）

2020年は新型コロナウイルス感染症の蔓延により、国際社会は想定外の未曽有の大惨事に見舞われました。蔓延の原因やパンデミック（世界的大流行）化の経緯については、これから歴史的な検証が行われることでしょう。これまでに人類が築いてきた物質文明は、大自然の脅威にさらされた場合、あまりにも脆《もろ》いものであることを、世界の人々は身をもって理解させられました。

自粛生活の中で、人類は地球の一部であり、地球の環境と調和しながら歩んでいかなければならないことを人々は感じていたかもしれません。未知のウイルスや健康障害は、無節操な資源開発や廃棄物処理によって引き起こされているという説も多数議論されていますが、それらの真贋《しんがん》もこれから徐々に解明されていくでしょう。

SDGs（Sustainable Development Goals；持続可能な開発目標）が2015年9月に開催された国連持続可能な開発サミットで採択されてから、丸いカラフルなロゴバッジを胸に付ける人が増えました。地球環境と調和しながら持続可能性のある開発を進めていこうという意思表示です。

バイオプラスチック成形業界や金型業界もSDGsと深い関連があります。例えば、金型で素材を加工した際に発生するスクラップ（加工残り）や、生産した部品を廃棄する場合、それらが地球上へ無秩序に捨てられれば、土壌や水質汚染の原因になります。

これまでの多くの生産活動は、コスト優先の思想が基軸となって形成

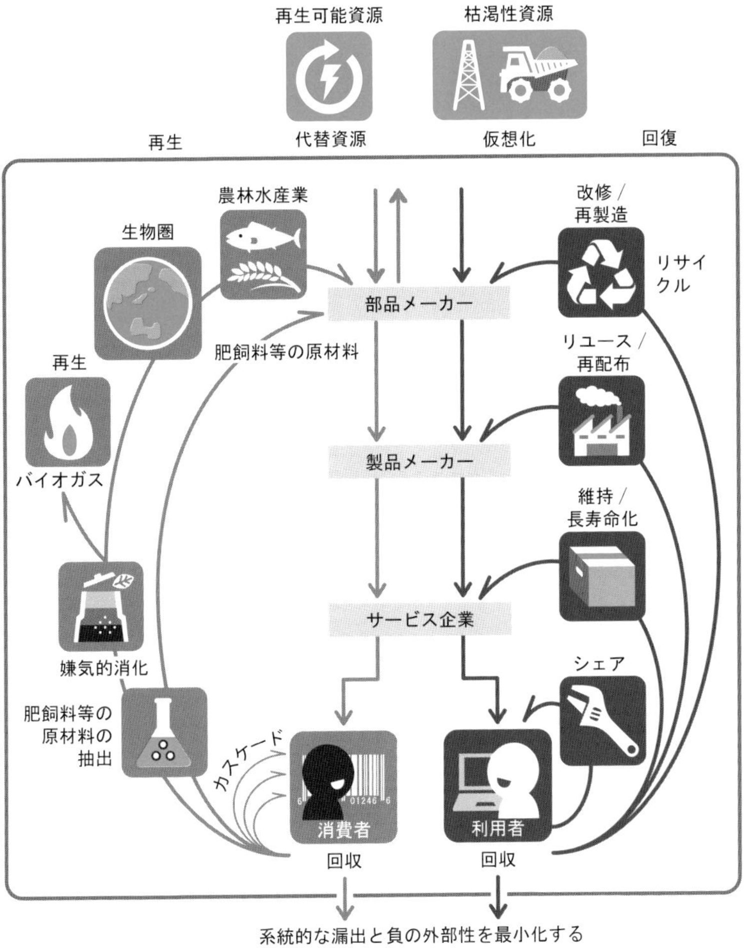


図 11-1 ●サーキュラーエコノミーの概念図
（環境省の「平成 28 年版環境・循環型社会・生物多様性白書」を基に日経クロステックが作成）

されてきました。素材を安価に調達できる国や、廉価な労働コストの国に工場を建設し、製品を大量生産して、世界の需要地へ大量に輸送することで製造コストや輸送コストを下げてきました。生産の過程で発生するスクラップの最小化や、生産された製品の用済み後の廃棄物処理方法について十分に考え抜いたのは、ごくわずかな事例でした。

新型コロナウイルスの蔓延で、こうしたサプライチェーンは総崩れになりました。今後は必要な分量の製品を、適切な数量でタイムリーに供給し、素材のロスや廃棄物の再利用を企画段階から考慮したトータルコストを最適化する生産システムが求められるようになるでしょう。

こうした経済システムを、サーキュラーエコノミー（循環型経済）と呼びます（図 11-1）。

## 11.2 金型とサーキュラーエコノミー

サーキュラーエコノミーでは、過剰生産や過剰在庫を廃して適量生産する、素材のロスを最小化したりリサイクルして再利用したりする、廃棄された製品を再生利用できるように製品を設計して回収システムと調和させるなど、可能な限り資源が効率的に循環できる体制を目指しています。

金属部品の分野では、廃棄された金属製品を再溶解して地金に戻して再生利用する方法は、かなり古くから行われてきました。従って、金属部品の分野ではサーキュラーエコノミーはかなり実現されているといえるでしょう。

しかし、プラスチックの分野ではサーキュラーエコノミーはほとんど実現されていません。金型需要の約半分を占めているプラスチック成形用金型から生み出される製品は、軽量で、しなやかに変形が可能で、適度な強度があり、安価であるという特長を備えています。そのため、約70年にわたって人間社会の求める機能製品に大量に採用されてきました。廃棄されたプラスチック製品は金属とは異なり、放置されても酸化や生分解することはほとんどなく、そのままの形で長期間残存してしまいます。

そして、その原材料は現在も化石資源に99.9％も依存しています。化石資源は有限である上に、残念なことに日本では原油も天然ガスも産出量はほぼゼロで、現在も中東や東南アジアなどに100％依存しています。米国やカナダからのシェールガスの輸入もまだ始まっていない状況です。

プラスチックについてはリサイクルが困難であったため、土壌への埋設処理が埋め立て地不足で行き詰まった際に燃焼処理が始まりました。その結果、二酸化炭素（$CO_2$）が大気中へ解放されて蓄積し、今日の温暖化の原因になっています。

また、ポリ塩化ビニル（PVC）の低温燃焼処理ではダイオキシンの発生を伴い、発がん物質による大気汚染も引き起こしてしまいました。こうした状況であっても、世界中の家庭や事業所から日々排出されるプラスチック廃棄物は、世界各地で毎日大量に燃焼処理されている現実があります。

さらに、最近問題視されているのが、海洋に流出したプラスチック廃棄物（海洋プラスチックゴミ）による海洋汚染です。プラスチックの世界生産量は約2億8000万t/年で、その7.1％に相当する約2000万tが海洋に流出していると考えられます。これらは劣化や波浪などで破砕され、マイクロプラスチックとなります。マイクロプラスチックはその表面に、海水中のポリ塩化ビフェニル（PCB）や有機リン化合物などを、海水中の平均濃度の数千～百万倍もの効率で吸着する性質があります。こうしたマイクロプラスチックが、化石資源由来プラスチックが元来含有していた微量重金属と共に小魚や貝類などに吸収され、それらがマグロなどの大型魚や鳥類などに捕食されて有害物質が生物濃縮します。これが最終的に人間の体内に入る危険性が指摘されているのです。

海洋プラスチックゴミの約80％は陸域起因であり、風雨によって海に運ばれています。

## 11.3 G20大阪サミット首脳宣言

2019年の20カ国・地域首脳会議（G20大阪サミット）で、海洋プラスチックゴミの対策が重要課題の1つとして議論され、2050年までにゼロとする国際目標「大阪ブルー・オーシャン・ビジョン」が合意さました。安倍晋三首相（当時）は記者会見で、「適正な廃棄物管理、海洋ゴミの回収という意味で、分解されるバイオプラスチックのイノベーションなど、あらゆる手段を尽くしていく考えです」と述べ、この課題でのイノベーションに期待を示しました。

これにより、金型から生み出されたプラスチック製品の一部が地球環境に悪影響を及ぼしていたこと、そしてその対処が社会全体の喫緊の課題であることが、各国首脳を介して世界の共通認識となりました。プラスチック製品を高品質で効率的に生産する「マザーツール」である金型の設計思想は、サーキュラーエコノミーの成否を左右する重要なポジションにあることを認識すべき時がやってきました。SDGsを実践する最先端にいるのが金型産業です。これまでの常識を超えた領域で課題を本当に解決できる技術開発と普及が求められています。ものづくりを担う技術者が、世の中の課題を解決するために活躍するステージが幕を開けしようとしているのです。

## 11.4　ものづくりと廃棄物マネジメント

人間社会では、生活用品や衣類、住居、乗り物、道具、食器、包装容器などを金属や木材、紙、石、糸などで作り、用途に合わせた機能を発揮させて豊かな暮らしをしています。高度な化学が進化した産業革命以降に生み出された薬品や人工素材の中には、従来の天然素材にはなかった有害物質に変化したり、長期間自然分解しない特徴を備えたりするものが出てくるようになりました。プラスチックもその1つに含まれます。

自然界で廃棄物が分解されれば、環境問題はこれほど大きなテーマにはならなかったと思います。しかし、より長持ちする強い素材を志向するほど、分解が困難な人工物質が登場するという経緯があったのでしょう。

プラスチックが産業で大量に使用されるようになってからまだ70年

ほどしか経過していません。今日のプラスチック廃棄物による環境汚染は急激に起きたのではなく、日々の小さな汚染の蓄積によって気付かないうちに相当進展してしまったといえるでしょう。

塩化ビニル（PVC）の低温燃焼による大気のダイオキシン汚染などをきっかけに、**プラスチック廃棄物の管理（Waste Management）**の重要性が世界で認識されるようになってきました。その結果、排出されたゴミを分別し、溶かして再利用したり、燃料として使ったりする工夫が施されてきました。しかし、プラスチックは物性を改質するためにさまざまな化学物質や鉱物粉などが含まれていることから、再生利用がうまく進まないという問題も抱えていました。

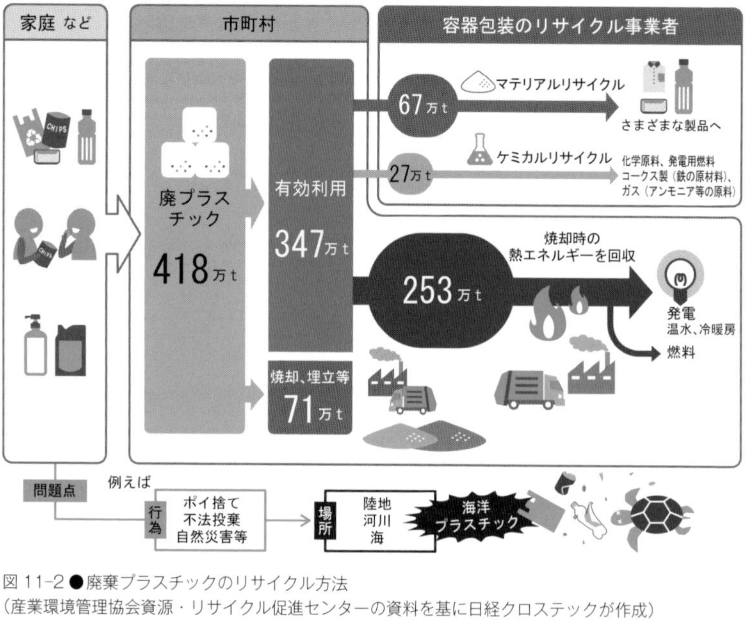


図 11-2●廃棄プラスチックのリサイクル方法
（産業環境管理協会資源・リサイクル促進センターの資料を基に日経クロステックが作成）

プラスチックゴミについては、以下の3つの方法でリサイクルが進められてきました（図 11-2）。

[1] メカニカルリサイクル（Mechanical Recycling）
[2] サーマルリサイクル（Thermal Recycling）
[3] ケミカルリサイクル（Chemical Recycling）

[1] のメカニカルリサイクルは、ゴミを回収して粉砕し、加熱してプラスチックを溶融させて、再びペレット化して再利用する方法です。プラスチックの個体を機械的に砕いて再生するのでメカニカル（機械的）と呼ばれています。この方法は、熱可塑性プラスチックであれば科学的に実現可能なリサイクル手段です。現在でもさまざまな工夫を行って、多くの成形工場や素材メーカーが実施しています。

メカニカルリサイクルにはいくつかの課題があります。まず、1度捨てられた製品に付着したゴミや異物、昆虫や雑菌などを取り除くために労力とコストがかかります。また、同じ種類のプラスチックゴミを回収する仕組みが整備されていません。そのため、異種のプラスチックが混在している場合、再生されたペレットの性能を保証できません。さらに、再加熱によってプラスチックの高分子が切断されて短くなり、強度低下や物性低下をある割合で起こします（図 11-3）。

[2] のサーマルリサイクルは、プラスチックゴミを燃料として利用する方法です。プラスチックが持つ炭化水素（ハイドロ・カーボン）を燃料として活用し、それで得られる高い燃焼エネルギーを使って湯を沸か

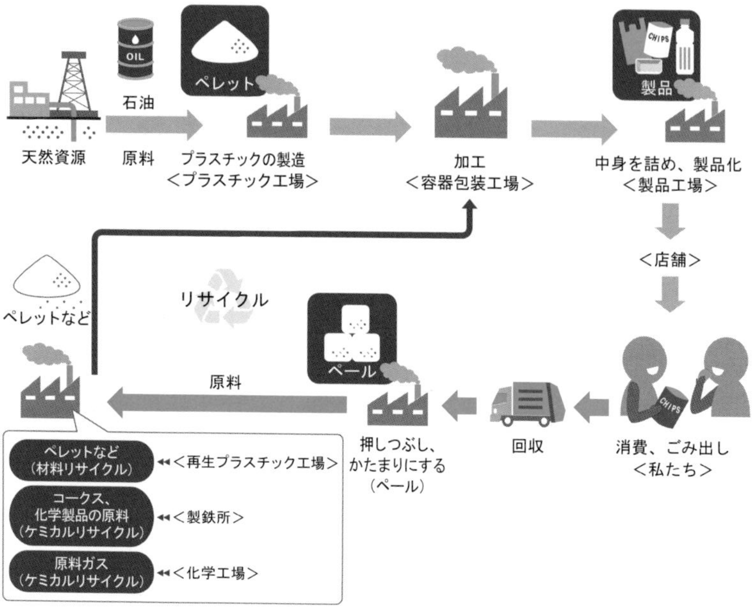


図 11-3 ● メカニカルリサイクルのプロセス
（産業環境管理協会資源・リサイクル促進センターを基に日経クロステックが作成）

し、火力発電やセメント焼成などの化学プラントで利用します。

ただし、サーマルリサイクルではプラスチック製品に含まれている化学物質も燃焼時に大気中に拡散されます。そのため、熱による化学変化によっては有害物質になる可能性があります。

［3］のケミカルリサイクルは、プラスチックゴミを化学的なプロセスで再びナフサに近い物質にまで戻し、再度プラスチックに合成する方法です。最新の科学により、この方法が実用化され始めています。

ただし、ケミカルリサイクルには大量のプラスチックゴミを集めて処理しないとコストが高くなってしまうという欠点があります。また、異種のプラスチックの混入を可能な限り除去する仕組みが必要となります。

プラスチックリサイクル技術の先進地域である欧州は、これら3種類のリサイクル方法を広範な地域や産業界で積極的に検討し、導入を試みています。その推進に対してはEU（欧州連合）議会や各国政府、政治家が科学的根拠に基づいてグローバルな視野で積極的に取り組む姿勢が見られます。

さらに、プラスチックゴミのリサイクルにおいて、近年はオーガニックリサイクル（Organic Recycling；有機リサイクル）の考え方が登場してきました。オーガニックリサイクルは、プラスチック素材を自然界の微生物の酵素によって生分解（Bio Degradation；バイオ・デグラデーション）するタイプとし、使用後のプラスチックゴミを土壌や水中で水と$CO_2$に生分解させる方法です。

プラスチックは化石燃料を原材料として人工的に合成するものであり、合成された高分子は微生物の酵素では分解されずに100年以上も自然界に残存してしまうものと思い込まれてきました。しかし、優れた科学者の研究により、高分子を化学反応によって最終的に水や$CO_2$に分子レベルで生分解できる新たなプラスチック（生分解性プラスチック）が開発され、その化学合成が可能になりました。

生分解性プラスチックの原材料はバイオマスです。しかし、化石燃料から作られたプラスチックの中にも生分解できるものがあることも分かってきました。

オーガニックリサイクルは、従来の3つのリサイクル（メカニカルリサイクル、サーマルリサイクル、ケミカルリサイクル）とは異なる考え方で地球環境の負荷を軽減できる素晴らしい手段です。ただし、生分解性プラスチックのコストがまだ高価であることや、生分解させる期間を短縮する方法が模索中であること、分別回収する社会システムや集中生分解ヤード（生分解のための埋設施設）が未整備であることなど課題もあります。それでも、既に欧州や米国のカリフォルニア州などが、オーガニックリサイクルのプラスチック製品への適用や社会での普及促進に向けて取り組んでいます。彼らは10年先を見据えて動いていると筆者は感じています。日本でも「愛・地球博（2005年日本国際博覧会、愛知万博）」で生分解性プラスチックの普及促進を官民で協力してスタートさせました。**2050年カーボンニュートラル宣言**により、今後、オーガニックリサイクルに対する関心が日本でも高まることでしょう。

参考文献：
1）小松道男,「サーキュラーエコノミーと金型技術」,『型技術』, 日刊工業新聞社, 2020年8月号～連載.

## 演習問題（実力を試してみよう）

**Q.1** サーキュラーエコノミーの概要を説明しなさい。

**Q.2** サーキュラーエコノミーを推進する際に課題となることは何か。考えを述べなさい。

# 第12章

# バイオプラスチックの普及へ向けて

# 第12章 バイオプラスチックの普及へ向けて

## 12.1 バイオプラスチックの直面する課題

これまでバイオプラスチックの種類や特徴、社会的側面や具体的な製品事例などを紹介してきました。これらの多様な情報から抽出されるバイオプラスチックが直面する課題は、以下の2つに集約されます。

課題1：気候変動を抑止するために二酸化炭素（$CO_2$）の排出削減にどう寄与すべきか。
課題2：海洋マイクロプラスチックの削減にどう寄与すべきか。

これらの課題を解決するためには、科学的評価や技術的な取り組み、製品化、回収方法の実現、識別マーク、コスト負担、法令や条約の整備など多面的な取り組みを早急に実現する必要があります。

## 12.2 素材や製品の効率的な生産方法の開発

バイオプラスチックの素材や製品を効率的に生産する方法の技術開発が求められます。バイオマスから素材を作るためには微生物プロセスなど時間がかかる手法を必要としたり、大量生産したりしないと採算が取れないなど、現実的な試練に直面します。これらを乗り越えるためには人工知能（AI）を駆使したイノベーションの喚起が必要だと筆者は考えます。科学技術の知識を備えた世界中の科学者や技術者が、総動員で新たな知見を見いだすことを期待します。

## 12.3 消費者の識別しやすい表示方法

バイオマスプラスチック製品と従来の化石資源由来・非分解性プラスチック製品を、消費者が平易に識別できる表示方法を見いだす必要があります。製品や消費者は、世界を広範囲に往来するため、国際的な視野で言語やマークを検討する必要があるでしょう。また、識別にはデジタル技術を使ってスマートフォンやバーコードなどの活用を考えることも重要でしょう。

## 12.4 回収とリサイクル方法の整備

廃棄されたバイオプラスチックを分別回収し、リサイクルする方法の整備が必要になります。

家庭から排出されるプラスチックに関しては、生分解性プラスチックについては家庭用コンポストの普及、都市部で集合住宅の場合は商業用コンポストでの回収モデルの検討や回収についてのインセンティブの付与（ポイント制度など）など、社会全体での仕組みの模索が求められます。2001年にドイツの環境先進都市であるカッセル市では「カッセル・プロジェクト」がスタートしました。生分解性プラスチックで包装（ゴミ袋）を作り、生ゴミと一緒に回収。集中コンポスト工場で生分解させ、出来上がったコンポスト（堆肥）を農地や緑地に還元するものです。

非分解性バイオプラスチックについても、材質別の分別と回収の方法を考える必要があります。消費者サイドでの分別ではなく、廃棄物回収業者サイドが新たな科学技術による自動分別システムによって効率的な分別ができる体制づくりを支援する制度や、サーマルリサイクル、ケミカルリサイクルを効率的に行う広域行政サービスなども検討の価値があると思います。

気候変動を抑止し、海洋プラスチックゴミを削減しないと、人類の未来に禍根を残すことになります。そのことを消費者も企業も行政もきちんと認識し、削減のための負担が偏らないようにして、海洋プラスチックゴミ削減に関して長続きする仕組みを話し合いの中から見いだしていく姿勢が重要ではないでしょうか。

## 12.5 フェイク製品の排除 未来への約束のために

ポリエチレン（PE）やポリプロピレン（PP）など生分解性のないプラスチックに、添加剤を加えた製品が「酸化型分解性プラスチック」、あるいは「オキソ分解性プラスチック」と称して市場に流通しています。これらの製品は光や熱を受けると添加剤の作用により、数カ月程度の期間で崩壊して細片化されます。しかし、細片化したプラスチックには生分解性がないため、マイクロプラスチックとして環境中に長期間残留することが懸念されています。また、酸化型分解性プラスチックの中には「酸化型生分解性プラスチック」と表示し、あたかも生分解性があるように称している製品もありますが、生分解性のないプラスチックを使用している以上、崩壊して細片化しても生分解はしません。

日本バイオプラスチック協会では、プラスチックそのものに生分解性があり、添加剤の力を借りなくても微生物の働きによって環境中で生分解が進んで、6カ月～2年程度の期間で最終的に$CO_2$と水になる性質を持つプラスチックのみを「生分解性プラスチック」と認定しています。そのため、同協会では、これらの酸化型分解性プラスチックを生分解性プラスチックとは認めていません。世界的な情勢としても、2017年に著名な企業と非政府組織（NGO）が酸化型分解性プラスチックの廃止を求める共同宣言を発表しました。また、欧州化学品庁（ECHA）は、酸化型分解性プラスチック（オキソ分解性プラスチック）の使用規制を検討しています。

また、製品への表示で「生分解性プラスチック製」「PLA」「環境に優しいプラスチック製」などの記載がされているにもかかわらず、実際には生分解しないプラスチックで作られていたり、生分解性プラスチックに非分解性プラスチックを大量に混合させていたり、もはや生分解しない状態の製品であったりする残念な製品が日本国内だけではなく、世界中で流通し始めています。こうしたフェイク製品の流通をどのように阻止するかは大変難しい問題です。素材や製品を作る側の倫理観欠如がその最大の原因ですが、それを是正させる手段や法令による取り締まり強化など、社会全体でグリーンウオッシングを排除する活動が重要です。グリーンウオッシングとは、環境配慮をしているように装ってごまかす、上辺だけの欺瞞《まん》的な環境訴求を表す言葉です。「安価な漆喰《しっくい》」「上辺を取り繕う」という意味の英語である「ホワイトウオッシング」に、「グリーン（環境に配慮した）」という言葉を合わせた造語です。

## 12.6 アイデアを生み出そう！～イノベーションへの期待

筆者は福島県の海辺の漁師町で生を受け、58 年間生活してきました。機械工学のエンジニアとして 38 年間従事し、プラスチックが普及して現在に至る過程と一緒に過ごしてきました。ここ 15 年は、生分解性プラスチックの成形加工技術の開発に自己資金とほとんどの時間を投入し、試行錯誤を続けてきました。しかし、気候変動と海洋プラスチックゴミによる課題が地球規模の課題としてここまでクローズアップされるとは思ってもいませんでした。しかしエンジニアの勘で、持続可能な暮

図 12-1 ●美しい地球を維持するために
（出所：We Aer Tomodachi, Vol. 34 Winter 2019, New Biodegradable Material Reduces Plastic Waste，内閣府大臣官房政府広報室）

らしを実現できなければ、いずれかの時点で大きな禍根を残すだろうという信念を抱いていました。

経済優先の論理で、多くの企業が生分解性プラスチックのステージから去っていきました。しかし、筆者の意思に賛同してくれる企業や個人は微増ですが徐々に増え続けています。この活動は社会を救うことに必ず通じると確信するに至りました。

これからは世界の政治家や大企業、資産家が責任を持って、気候変動の抑止と海洋プラスチックゴミの対策に取り組むことになるでしょう（図 12-1）。目先の利益だけを追求し、大切な心を失わない行動規範が求められます。

プラスチックは約 70 年にわたり、人類の豊かな暮らしを支えてくれた素晴らしい素材です。しかし、プラスチックには負の側面もあり、それを正しく理解して軌道修正すべき時がやってきました。分解せずに長持ちする、安心して使える強度や耐熱性が必要なプラスチックにはその分野で実力を発揮してもらい、使用後の再生利用の工夫を考える。その一方で、使い捨てや機能が発揮できる期間が短い製品などは、生分解するプラスチックの活用法やリサイクル方法を編み出す必要があります。これらのイノベーションは思い付きで実現できるものではありませんし、一朝一夕に完成するものでもありません。人工知能（AI）や効率的な試行錯誤により、解決策を加速的に見いだす技術開発の取り組みを、人類の英知を集めて実現することに期待します。筆者もその 1 人として今しばらく鋭意努力を重ねたいと考えています。

参考文献：

1）秦信行，松田修一，佐藤辰彦，「植物由来のポリ乳酸（生分解性樹脂）成形技術の事業化～技術士小松道男の研究開発の挑戦活動」，日本ベンチャー学会会報，Vol.58，pp.2-7，2012.

2）佐藤辰彦，「知財ノート～四〇年の流れの中で～」，新潮社，2016年.

3）Entreprise Rhone-Alpes International:Votre reseau international 2011, p.13, French Republic.

4）日本バイオプラスチック協会（JBPA），（http://www.jbpaweb.net/）

5）木崎ほか，「生分解性プラで極薄、発明は設定ミスから」，『日経ものづくり』，2020年1月号，pp.4-8.

6）小松道男，「サーキュラーエコノミーと金型技術」，『型技術』，日刊工業新聞社，2020年8月号～連載.

## 演習問題（実力を試してみよう）

**Q.1** バイオプラスチックの素材や製品の生産に当たって、どのような課題が存在するかまとめなさい。

**Q.2** 「グリーンウオッシング」を排除するためにどのような対策が必要か考えなさい。

**Q.3** 地球環境を守るために私たちはどう変わっていくべきか。これまでの学習を踏まえて、あなたの考えをまとめなさい。

◀ COLUMN ▶

### 特許制度

バイオプラスチックのように、それまで普及していない新素材を使った製品やその加工法は、法律の制定や流行によって大きな需要が生み出され、産業規模が大きくなって収益が増えていく可能性が高いといえます。

すると、新製品の販売で業績が好調になったことを知り、類似品やコピー商品をより安価に製造して、収益を横取りする後発事業者が現れてきます。フロンティア企業として新技術を苦労して開発しても、後発事業者に大事なポイントをまねされて、自己の努力が水泡に帰す世の中になってしまうと、人類の進歩は停滞し、増大する世界人口に耐え得る経済成長が見込めなくなってしまいます。また、見いだした技術を秘匿化する内向きの方向になり、世の中を良くする機運が衰退してしまいます。

このような事態を回避し、新しい技術を発明した者への保護を与えて、インセンティブによって人類社会を進歩させる制度が特許制度です。特許制度は、現代社会の重要な経済政策の柱になっており、特許制度に代表される知的財産権制度は、国力を左右する重要な財産になっています。

特許制度を平たく説明すると、世界で初めて有用な技術的思想を見いだした者へ一定期間の独占的な実施権を政府が認めて保護し、権利消滅後には誰もが自由にその技術を使用できる制度です。特許制度は、世界の主権国家ごとに憲法でその権利が守られています。日本では、特許出願日から20年間の保護が認められます。特許が有効な期間中に正当な権《けん》原《げん》を持たない第三者が特許発明を実施した場合は、裁判所から中止命令が出され、発生した損害を賠償する責任や刑罰が科せられます。

日本の特許法第１条には、「この法律は、発明の保護及び利用を図ることにより、発明を奨励し、もつて産業の発達に寄与することを目的とする」とあります。**発明**や考案は、目に見えない思想やアイデアなので、家やクルマのような有体物とは違って、目に見える形で誰かがそれを占有して支配できるというものではありません。従って、制度によって適切に保護がなされなければ、発明者は自分の発明を他人に盗まれないように、秘密にしておこうとするでしょう。しかしそれでは、発明者自身もそれを有効に利用することができないばかりではなく、他の人が同じものを発明しようとしてムダな研究や投資を行うこととなってしまいます。

そこで、特許制度はこうしたことが起こらぬように、発明者には一定期間、一定の条件の下に特許権という独占的な権利を与えて発明の保護を図ります。一方、その発明を公開して利用を図ることにより、新しい技術を人類共通の財産としていくことを定めて、これによって技術の進歩を促進して産業の発達に寄与しようというものです。

特許法第２条に規定される発明、すなわち、自然法則を利用した技術的思想の創作のうち高度のものを「発明」と定義し、保護の対象とします。この創作は、高度のものである必要があり、技術水準の低い創作は保護されません。特許されるためにはさらに以下の要件を全て満たすことが必要です。

・産業上利用可能性があること（特許法 29 条１項柱書）
・新規性を有すること（特許法 29 条１項）
・進歩性を有すること（特許法 29 条２項）
・先願に係る発明と同一でないこと（特許法 39 条）
・公序良俗に反する発明等は、特許を受けることができない（特許法 32 条）。

この他にいくつか規定があります。特許されると出願日から 20 年間の独占実施権が認められます。外国では日本の特許権は効力が及ばないため、外国での特許取得は各国ごとに特許出願を行い、その国の法律に基づく手続きを行う必要があります。物を生産する方法の発明で特許を取得した場合は、生産された物について１個ずつ特許が及びます。バイオプラスチック製品の生産方法について特許を取得した場合は、生産された製品１個ずつに対して特許が及ぶことになります。

参考文献：
1）特許庁.（https://www.jpo.go.jp/）

# 第13章

# 私のバイオプラスチック加工技術開発の取り組み

# 第13章
## 私のバイオプラスチック加工技術開発の取り組み

これまでバイオプラスチック登場の背景や技術的な説明、実際の製品事例、社会や政治の変遷、新たな課題などについて幅広く説明してきました。本章では、筆者がどのようにしてバイオプラスチックと関わりを持つようになったのか、その経緯について紹介します。

### 13.1 少年時代

筆者の出身は、福島県浜通りの最南端に位置するいわき市の漁業の町「江名町」。昭和38年、旋盤工の長男として生まれました。当時は、北洋サケマス遠洋漁業の基地として多くの遠洋漁船が出漁し、東北でも屈指の豊かな漁業の町でした。大型漁船のプロペラ軸の旋盤加工やディーゼルエンジン修理などで多くの鉄工所がいわき市に立地しており、どの会社も大忙しで機械職人が腕を競っていました。

筆者の家系は士族であったと伝わっています。しかし、幕末の戊辰戦争の混乱で先祖は被災し、さらに日清戦争で曾祖父が若くして台湾で戦死。これが尾を引き、明治、大正、昭和と貧しい暮らしを強いられてきました。その影響は筆者の少年時代まで色濃く残り、筆者は、少しでも優しい両親の役に立ちたいと中学を卒業する頃には、高校進学をせずに働く道を選ぶつもりでいました。

父は、経済的困窮のため少年時代に養子に出され、尋常小学校しか卒業していませんでしたが学業は優秀で、後に機械職人となり、技術計算や加工技術を独学で学んだそうです。その腕はピカ一で、実力を見込んで東京からも多くの仕事の依頼がありました。

筆者の中学での成績は上位でしたが、友人が皆、高校進学の勉強をすることに対してうらやましさは何も感じませんでした。ある日、唐突に担任の先生から国立高等専門学校（高専）への進学を薦められましたが、片道1時間もかけて通学するバス代が払えないと固辞しました。しかし、奨学金制度があることなどを示唆され、急遽いわき市平にある国立福島工業高等専門学校（福島高専）機械工学科へ進学することになりました。

この学校は、東北地区で最初に設立された国立高専一期校であり、開校当初は大阪や東京からも受験生が集まって、入試倍率は17倍もありました。筆者の受験当時でも3.3倍でしたので到底合格などできないと考えていましたが、運良くなんとか滑り込むことができました。当時の高専制度は、大学4年間の授業内容を中学卒業後の5年間で、すなわち2年短縮した期間で大学と同内容の授業を行っていました。社会の高度成長に合わせて2年早く技術者を投入する国策の1つとして教育が行われていたのです。そのため、いわゆる技術者向けスパルタ教育の典型であったと懐古します。

漁師か職人になることしか考えていなかったので、あまりの勉強の難しさについて行くだけで精一杯でしたが、拾った人生でもあるのでとことん勉強しようと徐々に考えるようになりました。授業料を払っているので、授業はもちろん一番前の席で熱心に聞いて、往復のバスを待つ間と車中で復習と暗記を行いました。ノートはお金がかかるので、新聞広告の裏紙や紙箱などを活用。鉛筆が減るので、港の防波堤の突端へ行き、コンクリートの上に石で英文やドイツ語を書いたり、数学の計算をしたりする方法を開発しました。翌日になると満潮時に波が石文字を消してくれるのでとても便利でした。自然の力を利用した究極のエコ勉強法です。

高専図書館は都会の国立大学と遜色のないレベルで、無料で膨大な専門書や洋書が借りられたので、卒業後も通ってほとんど全ての蔵書を読みあさりました。そのお陰もあり、技術だけではなく、芸術や文学、法律、社会、海外事情などの知識が満遍なく得られました。

地道に勉学に励んだ結果、首席で卒業することができました。当時は国立高専から4年生大学の2年次または3年次へ編入する制度が認められるようになったばかりでした。研究室の教授から最高学府への編入学を強く薦められましたが、東京で生活する資金に自信がなく、民間企業へ就職する道を選択しました。そこで出会ったのが、当時急成長していたプラスチック射出成形用金型の技術でした。

## 13.2 企業勤務時代

私が昭和58年（1983年）に就職した会社は、いわき市内に拠点の製造工場を持つアルプス電気でした。当時は、コンピューターのキーボードが登場した頃。私の工場では、それに使うキートップやスイッチ用のアクリロニトリルブタジエンスチレン（ABS）やポリアミド（PA、「ナイロン」）の射出成形用金型が、気が遠くなるほど大量に設計・製作され、またそれを使った射出成形が行われていました。新人の1年間は、夜勤の3交代で金型部品を放電加工する現場で修業しました。その後、金型設計部門に異動し、金型設計技師として経験を積んでいきました。

当時はプラスチックが普及し始め、自動車や家電製品にもプラスチックがたくさん使用されるきっかけとなった時代でした。地球温暖化や海洋プラスチックゴミなど誰も想像していなかった時代です。大量にプラスチック製品を作り、使用後は埋めるか燃やせばよいという風潮でした。耐熱性や強度を高めたエンジニアリングプラスチックやスーパーエンジニアリングプラスチックの開発と実装に、世界が競うように取り組んでいました。その後、バブル経済が始まりましたが間もなく崩壊し、日本の経済はどん底に落ち込みました。金型もプラスチックも大きなダメージを受け、たくさんの会社が操業停止に追い込まれていきました。

筆者は、バブル崩壊時の希望退職の募集に対し、翌日の朝に辞表を提出して個人事業を開始することにしました。当時29歳と若かったこともあり、不思議と生活の不安はほとんど感じませんでした。

## 13.3　技術士事務所開業

始めた事業は技術士事務所です。筆者は、福島高専在学中に土居威男先生という生涯の師と出会いました。先生は、高知県土佐高校、京都大学土木工学科のご出身で、民間の橋梁メーカーの技師長から高専の教授として着任されました。筆者は、中学時代に将棋のプロ棋士を目指そうと考えていた時期もあり、学生時代は二段で指していました。学内に将棋愛好会を設立するために指導教官を選任しなければならないことが分かり、適任者を探していたところ、風貌が大山康晴十五世名人にそっくりの先生を偶然見つけ、ぶしつけながら指導教官を願い出たところ、思いのほか快諾してもらえました。これが筆者と先生の奇跡的な出会いでした。

先生は、将棋は一切やりませんが囲碁五段でしたので、頭脳ゲームは一緒だろうということで引き受けてくれました。先生は、私が大学に編入学しないことについて不満を漏らされましたが、それならば技術士試験を受けるようにとアドバイスしてくださいました。技術士は、当時はまだ知名度が低い国家資格でしたが、そのレベルは極めて高く、合格者には東京大学や京都大学、東京工業大学などの卒業生が並んでいました。当時の史上最年少合格者は東京大学を卒業した 29 歳の技術士でした。

当時の受験制度では、実務経験が 7 年以上ないと受験が認められませんでした。また、4 年生大学以上を卒業していない場合は、技術士第一次試験に合格しなければなりませんでした。高専卒業生はこれをクリアしないと、技術士になる第二次試験を受験することすらできません。

筆者は 25 歳の時に第一次試験を受験して合格しました。科学技術庁に技術士補として登録するためには、指導する技術士を選任して承諾書が必要でした。しかし、当時の東北地方には、機械部門の技術士は岩手県に 1 人しかいない状態で、その先生に思い切って電話しましたが、弟子にするのを断られてしまいました。途方に暮れていたところ、会社の知り合いの課長が、自分の仲人さんが東京で機械部門の技術士事務所を開いているからと、紹介してくださることになりました。その技術士が筆者の金型の師匠である清原眞先生でした。

先生は筆者の会社の取締役を退任された後で技術士事務所を開業されており、弟子入りについても、勤務しながら時々指導を賜ることをアルプス電気からも認めてもらえました。清原先生は、第二次世界大戦前に東京工業大学航空機工学科をご卒業後、陸軍将校として航空機の開発を行っており、戦後はプレス金型やプラスチック射出成形用金型の技術をいち早く米国から技術導入し、国内の金型関係者を集めた清原会を毎月原宿のハナエ・モリビルの近くのご自宅兼事務所で運営されていました。筆者は、その裏方で会合の準備や酒類、食材の買い出しなどを10年近くお手伝いさせていただいたのですが、この時に知己を得た日本の金型業界の重鎮の皆様に大変かわいがっていただきました。技術士第二次試験を受験できる体制が整いましたが、プラスチック射出成形用金型を業務経歴の中心に据えて受験した人は、今振り返ると当時はほとんどいなかったようです。無謀とも思える受験でしたが、当時としては先鋭的な論文答案を書けたことが認められ、27歳の史上最年少で技術士になることができました。土居先生との約束を果たすことができて、最高の喜びでした。

29歳でいわき市にある自宅のアパートを事務所として開業したところ、すぐに東京から技術顧問の依頼が複数ありました。当時はフリーランスの技術士が不足していたこともあり、さまざまな業務で忙しい日々を送りました。プラスチックは、鉄鋼やアルミニウム合金などの金属部品からの代替により、軽量化や生産コストの削減が実現できる素材として、自動車から電子部品、医療用具、使い捨て食器、ペット（PET）ボトルなどまで幅広く使用されていきました。世界の生産量は不況知らずで、まさに右肩上がりの成長をしていました。

地球温暖化の議論については当時の筆者には他人事で、それほど深刻なレベルではないと捉えていました。その後、2001年9月11日の米国同時多発テロ事件やアフガン戦争、イラク戦争などの戦争や、2008年のリーマン・ショック、2011年3月11日の東日本大震災などと予測不可能な事件や人災、天災に翻弄される年月が続きました。

筆者が生分解性プラスチックに興味を抱く契機となった出来事は、小泉純一郎首相（当時）による2005年の衆議院本会議の施政方針演説でした。同年に開催された「愛・地球博（2005年日本国際博覧会、愛知万博）」に際し、小泉首相は「植物から作られ、分解されて土に還《かえ》る食器を使用するレストランが店を出します」と表明したのです。

当時の筆者の認識は、プラスチックは自然の力で分解させることができない物質であるというものでした。そう思い込んでいたのです。小泉首相の発言に接した瞬間、日本のリーダーが率先して植物を原材料とした生分解できるプラスチックの推進を行うという姿勢に強い衝撃を受けました。その頃、プラスチック成形品の生産技術に従事する中で、廃棄された製品やスクラップが埋設処理や燃焼処理によって地球環境を害していることについて、筆者は悶々《もんもん》としたジレンマを抱えながら仕事を行っていました。そこで、すぐに状況の把握に走りました。結果、生分解性樹脂は黎明期にあり、農林水産省が主体となった「バイオマス・ニッポン総合戦略」が制定された直後であるということを知りました。

愛・地球博で採用された生分解性プラスチックがポリ乳酸（PLA）であることには、すぐにたどり着きました。ポリ乳酸の素材メーカー各社へ電話をかけましたが、筆者の問い掛けに熱心に話を聞いてくれたのはユニチカだけでした。京都の中央研究所で話を伺うことになり、そこで初めてポリ乳酸と“対面”したのです。

その場で、同社から愛・地球博で使用される食品容器、具体的には汁椀の射出成形には課題があることを聞きました。ポリ乳酸は耐熱温度が60℃程度しかないため、麺類の容器には不向きで、食器洗浄器での洗浄にも耐えられません。そこで、100℃以上の実質耐熱性を備えた素材が求められていました。同社ではこれを実現するために、層状珪酸塩を20nmレベルに微粉化して分散させることで結晶化度を向上させ、耐熱温度を120℃程度まで高めるナノ・コンポジットに成功していました。

化石資源由来プラスチックとのポリマーアロイや化学添加剤による耐熱性向上ではなく、天然素材を有効活用したポリ乳酸というコンセプトは筆者の想いと合致し、素晴らしい素材が日本で開発されたことをうれしく思いました。しかし、結晶化が金型内で発現するため、大きな体積収縮が短時間で生じていました。そのため、成形品を金型の可動側から突き出すことが困難で、ストリッパープレートによる突き出しでも、成形品が提灯のように畳まれてしまうといった不具合が生じていました。加えて、結晶化を得るためには金型のキャビティ表面温度を110℃近傍に固定する必要があり、100℃を越える金型温度を安定させる方法がまだ十分に普及していませんでした。

このディスカッションを終えた時、筆者はポリ乳酸の射出成形法と金型構造の実用化に取り組むことを決意しました。そして、その瞬間から長い技術開発ロードへと足を踏み出すことになりました。

## 13.4 ナノ・コンポジット耐熱ポリ乳酸射出成形技術の開発

最初の開発課題は、愛・地球博で使用する食器を安定して射出成形できる方法と金型の開発でした。開発を進めるための資金は自己資金では全くまかなえず、当時のクライアントや先輩技術士に声を掛けて、環境に資する本物の技術開発に取り組みたいという趣旨を説明しました。しかし、賛同者はなかなか得られませんでした。

そうした中、清原会でご指導を受け、筆者のはるかな目標としていた松岡甫篁先生が手を差し伸べてくださり、先生の肝煎りで新エネルギー・産業技術総合開発機構（NEDO）が公募中のタイ工業省との国際共同研究に応募。最初の競争的研究資金を得ることに成功し、射出成形機と金型の開発をスタートさせることができました（図 13-1）。タイ工業省とは、清原先生が長年指導された国際協力機構（JICA）の金型技術支援プロジェクトで旧知の間柄でもあり、同国はトウモロコシやキャッサバなどの原材料の生産国という点で同国政府高官の理解も得やすく、友好的な体制で研究が進められました。

今振り返ると、今日のポリ乳酸の世界の生産拠点がタイに集約されていることと筆者のこのプロジェクトが無縁であったとは思えません。同じアジア人として、先端技術と環境に資するものづくりがコラボレーションできるようにしようという考えが共鳴していたのではないかと感

図 13-1 ●NEDO 提案公募型開発支援研究協力事業
右端が Dr. Pasu Loharjun 工業事務次官（当時研究所長）。右から 3 人目が松岡甫篁先生。筆者は左から 3 人目。2004 年度タイ工業省。（出所：小松技術士事務所）

じています。

ナノ・コンポジットポリ乳酸は、DSC（示差走査熱量計）の分析によれば、溶融樹脂の冷却過程において 110 ℃近傍で一気に結晶化を開始し、その際に大きな体積収縮を起こします。金型の表面温度を 110 ℃以下に設定した場合には、得られた成形品の結晶化度はほぼゼロで、耐熱性は発現しません。体積収縮が強固に発生してから金型のエジェクターピンなどで機械的に突き出しを行うと、成形品を変形させたり、突き破ったりします。

そこで、筆者は、まず金型内の樹脂の表面温度を精密に瞬時計測する必要があると考え、放射赤外線による金型内の樹脂温度を計測するセンサーの開発を行うことにしました。計測仕様や使い勝手などを検討し、当時赤外線温度センサーの開発を手掛けていた双葉電子工業に製作を委

第
13
章

託。計測分解能が1ms（1秒間に1000回の計測）の高性能センサーを作ることに成功し、金型内の樹脂の冷却挙動を正確に把握することができるようになりました。

こうして体積収縮が開始する時刻を把握し、結晶化が発現したことを確認。その直後に圧縮流体を金型内に均等配置されたスリットノズルから噴射し、成形品の表皮を金型表面からわずかに剥離させて、その後にストリッパープレートで突き出す構造を発明しました。そして試行錯誤を経て、一般化できるレベルまでたどり着くことができました（図13-2、図13-3、図13-4）。

この製法が知見された時点で最初の特許出願を日本で行い、続いてパリ条約優先権を主張し、欧米に対して特許協力条約ルートで国際特許出願を行いました。開発した技術は国際的な知財戦略を描かなければ事業化の段階で大きなリスクを背負うことになると、母校の大先輩である佐藤辰彦先生（弁理士、創成国際特許事務所会長、元内閣府知的財産戦略本部有識者本部員）からアドバイスを受けたのです。資金的にはとても

図13-2●初めて開発したナノ・コンポジットポリ乳酸丼容器
（出所：小松技術士事務所）

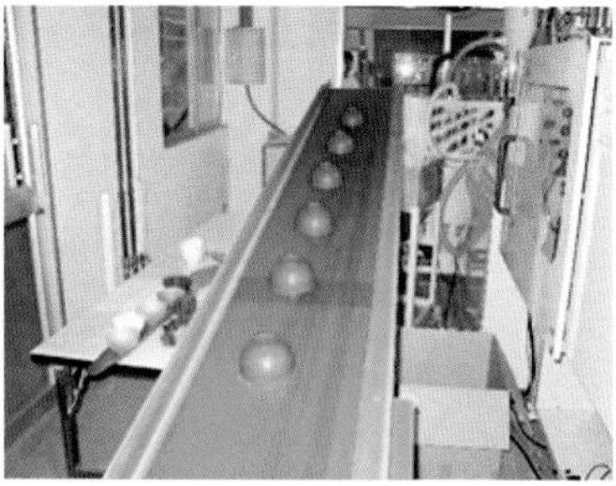

図13-3●丼容器の連続射出成形の様子
（出所：小松技術士事務所）

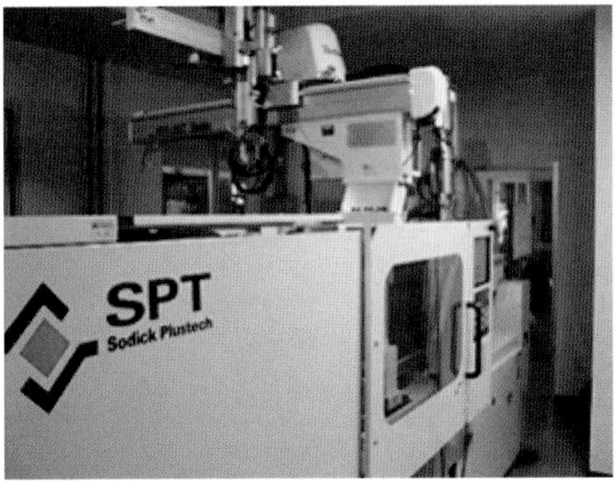


図 13-4 ●ナノ・コンポジットポリ乳酸丼容器専用プリプランジャー式射出成形機
（出所：ソディック）

苦しかったのですが、アドバイス通りの方針を貫いてちゅうちょなく特許を出願し続け、今日まで欧米を中心に世界で293個の特許発明について権利化に成功しています。

最初の知見では、球面形状の丼のコールドランナーについては、安定した連続成形を確認できました。しかし、長方形形状の背の高い成形品での実現可能性や、ホットランナーの適用の可能性、インラインスクリュー式射出成形機での成形条件の安定性については、追加実験が必要でした。そこで、国をフィリピンに代えて、再びNEDO提案公募型開発支援研究協力事業（平成18年度）に追加の実証実験の申請を行いました。課題について審査をパスして採択され、大阪府堺市の大和合成と共同で技術開発に取り組みました。その結果、バルブゲートに適用のノウハウなどについて多数の知見を得ることができました（図13-5、図13-6、図13-7）。

これらの技術を最初に実用化した製品が、スイーツマジック（名古屋

図 13-5 ●NEDO 提案公募型開発支援研究協力事業
2006 年度、フィリピン。右は Dr. Graciano P. Yumol 科学技術副大臣（当時）。（出所：小松技術士事務所）

図 13-6●長方形深物形状バルブゲートによる連続成形確認
（出所：小松技術士事務所）

図 13-7 ●インラインスクリュー射出成形機による連続成形
フィリピン国立金属産業研究開発センター（MIRDC）。（出所：小松技術士事務所）

市）の高級プリンカップでした。プリン自体にはよりすぐりの天然食材を使用していましたが、容器が新興国製の陶器であることにジレンマを抱えていた経営者から相談がありました。容器を天然素材を生かしたポリ乳酸製に切り替え、使用後は生分解できるというコンセプトがヒットして人気商品となりました。

また、この技術の製造ライセンスを許諾している愛知県新城市の金型メーカーである豊栄工業は、幼児用食器を開発するプロジェクトをスタートさせ、iiwanというブランド名で商品化しました。特に、環境意識が高く、かつ新生児を育てている家庭から好評を得ています。重金属フリーであることや、乳酸菌とでんぷんを主原料に天然素材を活用した食器であること、さらに生分解できて地球に優しいことというコンセプトが徐々に広まり、全国的なヒット商品になりました。2012年にはグッドデザイン賞を受賞しています。パリやトリノでの販売も始まっています。

基礎開発を踏まえて専用の射出成形機も誕生しました。赤外線温度センサーや圧縮流体噴射装置、専用バルブゲートやコントローラーを内蔵した専用射出成形機N-PLAjetです。日精樹脂工業がライセンス生産を行っています。

## 13.5 超臨界微細発泡射出成形技術の応用

筆者は29歳で事務所を創業して以来、自費で欧米のプラスチック最先端技術の調査を続け、射出成形技術や金型技術について高い次元で鳥瞰《ちょうかん》図《ず》的な視点を構築していきました。このことが新しい開発にも役に立ちました。

マサチューセッツ工科大学教授のDr. Nam Pyo Suhが、超臨界微細発泡射出成形法を発明しました。溶融したプラスチックに超臨界状態の窒素や$CO_2$を瞬時に溶解させ、金型内に射出成形すると、成形品の内面部にのみ、独立した微細発泡層を形成するという技術です。この技術が米 Trexel（トレクセル）から **MuCell** として世界の成形機メーカーへライセンス供与されることとなりました。

この情報をいち早くつかんだ筆者は、超臨界微細発泡射出成形法をポリ乳酸へ適用するアイデアを比較的早期に着想し、技術導入を試みました。ガスには窒素を選定。ナノ・コンポジットポリ乳酸へ適用することで、表面は非発泡層で覆う一方、内面のみに窒素の独立微細発泡層を形成させる実験を行いました。すると、狙い通りに微細発泡層が形成され、軽量で、断熱性があり、振動吸収や遮音性にも優れた成形品を射出成形できることを確認できました。

ここで、微細発泡の直径が通常は 70$\mu$m 程度あるのに対し、ナノ・コンポジットポリ乳酸の場合は 5〜10$\mu$m に微細化していることに気付きました。熟慮した結果、ポリ乳酸の結晶核として作用させるために分散させているナノ化した層状珪酸塩が窒素の発泡核としても作用している可能性を発見し、軽量化度が同じで強度が高い成形品が得られることを実証しました（図 13-8）。

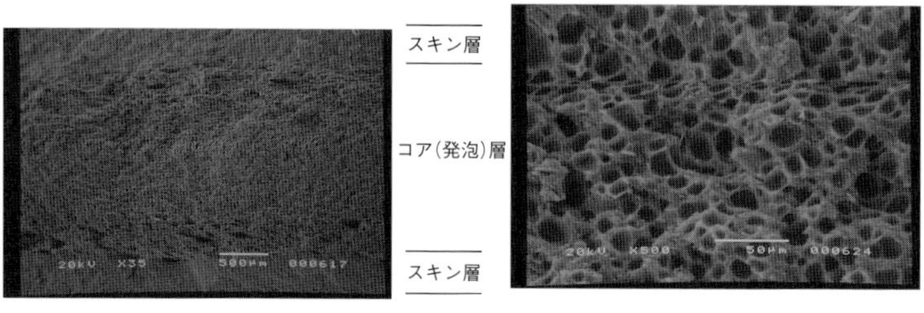


図 13-8 ●ナノ・コンポジットポリ乳酸の窒素・超臨界微細発泡射出成形品の断面写真
（出所：小松技術士事務所）

## 13.6 超臨界微細発泡の挙動の解析

超臨界微細発泡成形の技術は、プラスチック成形の常識を覆す大きな変革を世界にもたらしました。実験により、これまで得られなかったさまざまな発泡体や流動現象が材料の多様さと掛け算になり、無数のデータが世界中で発見されていきました。ところがその半面、金型内で実際にどのように微細発泡が起きているのかを誰も確認したことがないという情報に接しました。それならばと、顕微鏡と高速度カメラを使って金型内の挙動解析を行おうと決心しました。

筆者には、原理を正確に知ることで新たな可能性が見いだせるという確信がありました。この実験では、超臨界微細発泡成形の権威である京都大学教授の大嶋正裕氏とある民間技術者に指導を仰いで研究を実施しました。以下に当時の投稿論文の抜粋を示します。

### 1. 緒言

3種類の熱可塑性樹脂を超臨界微細発泡射出成形であるMuCellにより射出成形し、金型内発泡挙動を可視化観察する。同時にキャビティー内樹脂表面温度、圧力を計測したのでその概要を報告する。

### 2. 実験方法

#### 2.1 試料

樹脂は下記の3種類を使用した。

1) ポリカーボネート（PC）（パンライト、L−1225Y、帝人化成）

2）変性ポリフェニレンオキシド／ポリスチレン　アロイ（PPO/PS）（ノリル、TPN9221GY1493、SABIC イノベーティブプラスチックス）
3）ポリ乳酸（テラマック、TE-2000、ユニチカ）
発泡剤は窒素（$N_2$、純度 99.9 %）を使用した。

### 2.2 超臨界微細発泡射出成形機

射出成形機は、東芝機械製全電動式射出成形機「EC160N Ⅱ（最大型締力 1560kN）」を使用した。超臨界流体発生装置は、昭和炭酸製「Trexel SCF Delivery System Series-Ⅱ-trj-10」を使用した。

### 2.3 金型と可視化・樹脂温度-圧力計測装置

計測に使用した金型並びに計測装置の諸元は下記の通りである
1）試験片形状　195×80×1mm
2）キャビティー材質　「STAVAX ESR」
3）撮影方法　光源透過式
4）可視化レンズ　サイズ 5×5mm。材質は硬質石英ガラス製。樹脂圧力によるレンズ破損防止構造を採用。レンズは、流動中間部に 1 箇所、流動末端部に 1 箇所ずつ配置されている。
5）撮影レンズ　キーエンス製「VH-Z100R」。最大撮影倍率 1000 倍。
6）撮影光源　エドモンドオプティクスジャパン製「ライトガイド 39369-1」。
7）高速度カメラ　キーエンス製「VW-6000」。最大 2 万 4000 フレーム/s。1280×1024 ピクセル。
8）樹脂温度センサー　双葉電子工業製赤外線式非接触温度センサー（特注品）。

サンプリング周期1ms。分解能0.5℃。測定精度±1%。

9) 樹脂圧力センサー　双葉電子工業製ひずみゲージ式圧力センサー。サンプリング周期1ms。測定精度±2%。

10) ゲート　サイドゲート1点または3点可変。

11) コアバック機能　油圧源による傾斜板移動式制御方式。試験片板厚2〜2.5mmに増厚可。

12) 末端エアベント　ベント深さ0〜200μm。

13) ウエルド形成　レンズ上にウエルドラインを意図的に形成できる金型構造を採用した。

### 3.3 PLA（コアバック成形）

主な成形条件は、キャビティー内ピーク圧力27.9MPa、キャビティー内ピーク樹脂温度169.2℃、$N_2$注入流量0.2wt%、キャビティー表面温度30℃である。PCと比較すると、発泡開始時間は3.81sも早くなっていることが分かる。

Fig. 5　Cell growth in PLA (Snapshot at 2.79s. Cell growth starts at 1.87s.×300)

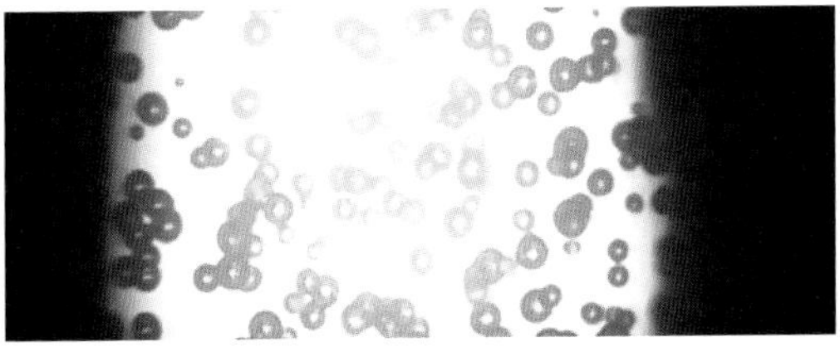

Fig. 6　Solidification (Cell growth stops PLA at 3.99s)

第13章

試験片の増厚により新たなセルがコア層内に発生し、そのサイズは初期に成長したものよりも直径で1/10程度小さく、単位面積当たりの数量は数倍であることが観察された。

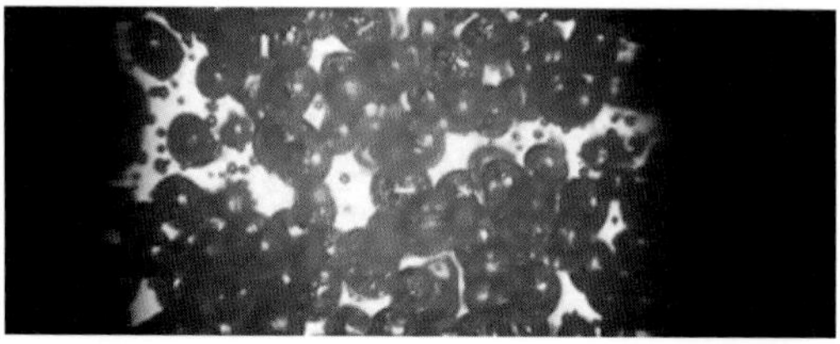

Fig. 7　Cell growth in PLA during core back process (at 4.04s after injection)

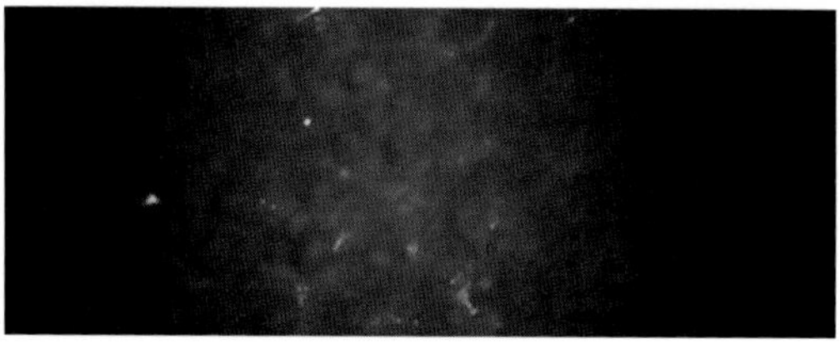

Fig. 8　Solidification (Cell growth stops in core back process for PLA. Snapshot at 9.18s.)

## 4. 結言

①キャビティー内圧力低下により発泡が開始し、溶融樹脂の冷却による樹脂粘度の上昇により成長が停止する。

②充填時、樹脂流動先端でとりわけ激しい発泡現象が観察される。

③コアバック時に発生するセルサイズは、初期微細発泡セルよりも微細化し、気泡数も増大する。

## 13.7 ポリ乳酸の薄肉射出成形技術

超臨界化させるガスを $CO_2$ に変えた場合の溶融樹脂の特性については、欧州で当時、既に分かっていました。微細発泡よりも溶融粘度の低下に効果が顕著であり、金型内での樹脂流動長を長くすることが、ポリプロピレン（PP）での実験事例などで確認されていたのです。

これを応用すれば、熱可塑性樹脂一般について薄肉の射出成形が可能になるだろうと筆者は考えました。ポリ乳酸の弱点の1つは、溶融粘度が極めて高いことです。熱可塑性樹脂の中でも、最も高い部類に属します。そのため、射出成形で肉厚がおおむね1mm以下だと充填不良が発生しやすく、ポリ乳酸を使って射出成形した薄肉製品は流通していませんでした。欧米でもポリ乳酸シートを真空成形したカップしか実用化されていなかったのです。肉厚が増すと質量が増えて材料コストが上がってしまい、市場での流通価格に合わなくなります。

そこで筆者は、ポリ乳酸に $CO_2$ を溶解させて流動長を伸ばす可能性について実験を企図しました。成形品の肉厚を0.7mmとしたキャビティを設計・製作し、超臨界 $CO_2$ を0.2％の質量で溶解させて射出しましたが、ほとんど流動長は伸びませんでした。そこで、超臨界 $CO_2$ の溶解濃度を10倍の2％の質量まで増やす、思い切った実験を試みました。その結果、流動長は一気に伸びることを発見するに至りました。また、金型をチラーで冷却すれば、発泡も抑制されて透明性を維持できることも知見しました。

この原理を応用し、薄肉のポリ乳酸カップをデザインして、射出成形用金型による多数個取りを検討した試作金型を開発。粘度の低下したポリ乳酸のキャビティ内充填のバランスを高速で最適チューニングし、同時均一充填ができるように電磁弁バルブゲートの仕様を開発して、金型に搭載しました。その結果、肉厚が0.65mmであるポリ乳酸製透明薄肉カップの射出成形多数個取り製法の開発と実用化に成功しました。これによって低コスト化を可能にし、これまで実現できなかったポリ乳酸製射出成形品の量産技術に道筋を立てました。現在、ティーエヌ製作所（愛知県一宮市）などが製造・販売を行っています。

## 13.8 ポリ乳酸とセルロースファイバーのコンパウンド射出成形技術の開発

付加価値の高い製品を生み出すために、農業や林業で発生するセルロースファイバー（稲わら、おがくずなど）を有効活用し、溶融ポリ乳酸に超臨界窒素と混合させて射出成形する方法も開発しました。

通常は、セルロースファイバーを溶融樹脂に混合させた場合、20％を超える辺りから射出ノズルが詰まり、焼け焦げが発生してしまいます。これに対し、超臨界窒素を溶解させることによって樹脂粘度が下がって混合しやすくなり、シリンダー内の酸素が窒素に置換されるために焼け焦げは抑制され、繊維比率を最大80％程度まで増量させた微細発泡射出成形品を生産できる方法を編み出しました。

軽量で断熱性や遮音性、防振性に富み、芳香性を長期間保存できるユ

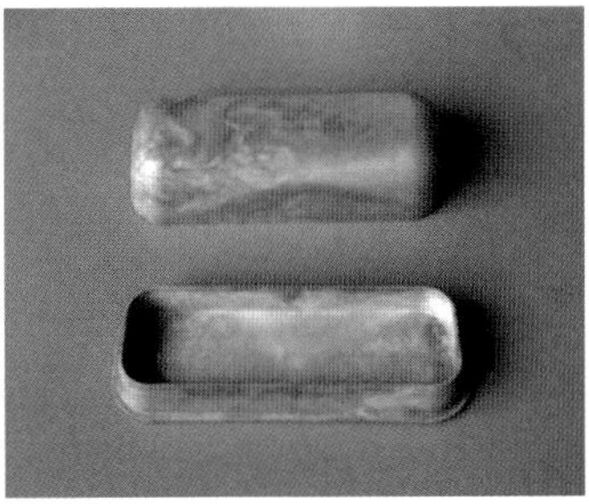

図 13-9 ●ポリ乳酸 70 %、木粉 30 %の窒素超臨界微細発泡射出成形品の事例
（出所：小松技術士事務所）

図 13-10 ●成形品の断面
内部にのみ微細発泡の形成が確認できる。（出所：小松技術士事務所）

ニークな生分解性射出成形品が得られます。農林水産業分野やアメニティーグッズなどへの応用が期待されます（図 13-9、図 13-10）。

## 13.9　魔の川、死の谷、ダーウィンの海を越える

開発から製品化には、魔の川、死の谷、ダーウィンの海を乗り越えなければなりません。魔の川は、研究ステージから製品化開発ステージに立ちはだかる障壁。死の谷は、開発ステージと事業化ステージの間に存在する資金と人材、経営資源調達の障壁。そして、ダーウィンの海は、事業化ステージと産業化ステージの間にある障壁で、要は競合に打ち勝って生き残らなければ越えられない壁のことです。筆者もこれらの障壁に次々と遭遇し、厳しい現実と対峙することになりました。

ここまでは順風満帆に歩んできたかのような書きぶりでしたが、筆者の本拠地である福島県いわき市へ、東日本大震災でマグニチュード（M）9、震度 6 弱の地震と 8m 級の津波が襲来し、347 人の死者と 2 万

4750戸の住宅被害が発生し、生まれ故郷の漁業の町も壊滅状態となりました。さらに福島第一原子力発電所の爆発事故も発生し、筆者の自宅と事務所も大きく被災。実験サンプルやデータが破損したり、東京近郊への避難生活などを強いられ、復旧に関して心身共に大きく疲弊しました。今日なんとか復活できたのは、大小や有形無形を問わず、全国や世界の皆様方のさまざまなご支援があったからこそと受け止めています。

挫折しかかった気持ちを奮い立たせてくれたのは、「ポリ乳酸と出会った時に、自身が決意したことではなかったのか？」と自問したことでした。それは、地球環境のダメージを最小化させ、孫子の代が安心した暮らしができるようにするという決意です。福島高専の父兄（保護者）後援会長の在職中に200人を越える被災した学生たちの支援を行っている中で、消えかけていた心の灯を再び燈《とも》すことができました。

さまざまな切り口で世界の消費者や市場に、これまで開発した生分解性プラスチックの加工技術を普及する取り組みを加速したいと考えています。思いを同じにする企業や政府、地方自治体の関係者が結集して世界の環境課題を解決することに協力をしていきたいと考えています。

筆者の技術開発活動は、ドイツ「K」、米国「NPE」、東京「IPF」と、3年サイクルで順次開催される各国の見本市に毎回足を運び、世界規模の技術の進歩を確認しながら進めてきました。その流れの中で、日本のバイオプラスチック普及への取り組みが、欧米のそれから少しずつずれていくのを肌で感じるようになりました。また、タイやフィリピンなど熱帯地域で植物由来バイオマスを豊富に栽培できる国との間にも意識に差があることに気付きました。

最初に筆者の取り組みに関心を抱いたのは、バラク・オバマ政権下の米国でした。2012年米国務省、NASA（米国航空宇宙局）、米国際開発庁、米NIKE（ナイキ）が主催し、環境に関するイノベーションに向けて募集したアイデアや技術の公開討論会 LAUNCH Beyond Waste では、「生分解性樹脂の量産成形技術」がグランプリに相当する「Innovator of Innovators」を受賞しました（米国ベンチャー企業共同創設者として、図13-11）。また、フランスのローヌ・アルプ州からはクラスター親善大使の就任要請がありました。

Kのオーガナイザーであるメッセ・デュッセルドルフからは日本のメディア代表の1人として公式記者会見への招待が届くようになり、欧州のさまざまな最先端の技術開発の情報が入り込んでくるようになりまし

図13-11●NASA ジェット推進研究所にて LAUNCH Beyond Waste の Innovator of Innovators を受賞。（出所：小松技術士事務所）

た。もちろん、その中にはバイオプラスチックも含まれています（図13-12、図13-13）。

### 筆者の生分解性プラスチックへの取り組みが海外からの評価を受ける

図13-12●「K2019 Preview」
欧州プラスチック産業界リーダーの記者会見。（出所：Messe Düsseldorf/ctillmann）

図13-13●K2019 Preview
G20大阪サミットで世界で共有された、海洋プラスチックゴミによる新たな汚染を2050年までにゼロにすることを目指す「大阪ブルー・オーシャン・ビジョン」について質問。（出所：Messe Düsseldorf/ctillmann）

ようになってから、日本でも話を聞いてくれる人々が徐々に増えてきました。特に印象深かったイベントは、第10回**世界水族館会議**です。2018年11月5〜10日の日程で、福島県いわき市小名浜にある「アクアマリンふくしま」（ふくしま海洋科学館）を開催館として、35カ国から500人が参加して開幕しました。1993年の米国・ボストンにあるニューイングランド水族館で開催以来、10回目の国際会議となりました。

会議のテーマは「水の惑星・地球の未来について考える」で、108の演題について世界から研究者の講演が行われました。日本動物園水族館協会総裁であり、ご自身も魚類学、動物学の研究者である秋篠宮さまのご臨席を賜りました（図13-14）。

筆者は、図らずも主催者からの要請で会議冒頭の「水の惑星の汚染セッション」で基調講演に登壇し、「生分解性プラスチックポリ乳酸（PLA）製射出成形品によるマイクロプラスチック汚染の削減・実践的

図13-14●第10回世界水族館会議 レセプション
（出所：福島民報社）

技術の紹介」を英語でスピーチすることになりました。本来であれば魚類や海洋生物に関するテーマが中心となるべき会議ですが、冒頭の課題がマイクロプラスチック汚染に関するテーマをクローズアップしていたのです。米国カリフォルニア州のモントレー水族館を始めとする35カ国の水族館館長クラスが、プラスチックゴミによる海洋汚染をいかに喫緊の課題として認識しているかがうかがい知れました。年間7億人もの来場者を擁する水族館から海洋プラスチックゴミの削減について呼び掛けることは、極めて大きなメッセージを世界の市民へ発することができると思います。

筆者の講演の様子は、国際放送「NHK WORLD-JAPAN」から世界の視聴可能世帯数3億8000万世帯に向けてマイクロプラスチック問題とポリ乳酸の効用が伝えられました。

大会終了日の2018年11月10日には、第10回世界水族館会議宣言が運営委員会より発せられました。次のようなメッセージがいわき市から世界に発信されたのです。

「アクアマリンふくしまの主催による第10回世界水族館会議（IAC）は、35カ国から約500人の参加を得て、私たちの青い地球の未来に関する知識および課題の意見交換を行う世界水族館会議コミュニティーが成すべき公約を明確にします。世界中で水族館は年間7億人を超える来館者があり、地球上の住民に対して、これらのメッセージを伝えるとても強い声となります。世界水族館会議に参加した水族館とそのスタッフ、および研究者は、海洋プラスチックゴミによる汚染を食い止めるため、さらには世界規模の気候変動を抑制するためのあらゆる行動に参加します。

『水の惑星・地球の未来について考える』という本世界水族館会議全体のテーマは、我々の懸念と明確に一致しています。欧州委員会（EC）および国連環境計画（UNEP）は、プラスチック汚染に対する協力体制を作り上げました。世界の水族館コミュニティーの代表者たちは、この重要なイニシアティブをサポートし、全てのIACメンバーに対し協力体制に加わることを強く促します。（中略）自然と人類の互いの未来のため、人類には地球の水環境の生態系を保護する責務があります。1人ひとりの日々の行動は、それに貢献することができます。時は迫っています。直ちに行動に移しましょう。力を合わせれば、変えることができます」。

これまでタイやフィリピン、米国、フランス、ドイツなどの海外と連携しながら、生分解性プラスチック製品の量産加工技術の開発に、福島県を拠点に協力企業と一緒に取り組んできました。それらがいわき市で一気につながった奇跡の瞬間でした。まだ道半ばですが、気候変動抑止と海洋プラスチック汚染を削減すべく、今後も努力を続けていきます。

参考文献：

1）小松道男，大嶋正裕，「MuCell（微細発泡射出成形）の可視化」，『成形加工』，プラスチック成形加工学会，Vol.22.No.2，pp.87-90，2010年2月.

2）第10回世界水族館会議実行委員会，「第10回世界水族館会議実施報告書」，2019年2月.

3）小松道男，「植物由来生分解性樹脂の世界的普及の端緒となる日本発の射出成形技術群の開発と応用製品一第7回ものづくり日本大賞 製品・技術開発部門 内閣総理大臣賞受賞に至るまで一」，『バイオプラジャーナル』，日本バイオプラスチック協会（JBPA），pp.5-13，Vol.18，No.69，2018年7月.

# おわりに

本書の企画は、近岡裕氏（日経クロステック編集委員）の以下のような提案から始まりました。

バイオプラスチックは、昨今の世界的な環境課題解決の現実的なソリューションとして期待されているにもかかわらず、その普及や正確な情報共有がままならぬ現状があります。世界の先陣を切ってバイオプラスチックの研究開発に取り組み、フロントランナーであった日本がなぜ欧米に遅れをとってしまったのか、消費者へなかなか浸透せず時間だけが過ぎ去ってしまったのか。日本が気候変動アクションや海洋プラスチックゴミ対策の善良なリーダーとして再登場するためには、これらの現状を整理して、科学や技術の専門知識を一般の人にも誤解のないように、分かりやすく周知することが必要です。そのための一冊をぜひ、小松先生に執筆いただきたい――。

金型技術が本職の筆者には荷が重すぎる話でしたが、福島県の漁師町で太平洋を眺めながら生まれ育った素朴な思考回路と世界18カ国でさまざまな職業やポジションの方々と意見を交わしてきた経験を軸に考えを整理してみることにしました。

筆者の15年にわたるポリ乳酸の成形加工技術の開発の取り組み

は、試行錯誤と挫折の連続でした。技術が完成してもなかなか製品化には至らず、随所でその効用について辻説法を繰り返しても耳を傾けてくれる人はほとんどいませんでした。東日本大震災や台風洪水など、天災により大きな社会変革を余儀なくされるようになってから、少しずつ立ち止まって話を聞いてくれる人々が増えてきたような気がします。

技術開発を継続するための資金はもちろん重要ですが、目先の利益を最優先にすると地球環境課題の解決のような長期マターへの闘志は知らず知らずのうちに委縮しがちです。そのジレンマと格闘しながら協力者と共にイノベーションに取り組んできました。ものづくり日本大賞では「内閣総理大臣賞」を安倍晋三首相（当時）より受賞（図）し、令和２年度に環境省が新たに創設した気候変動アクション環境大臣表彰では開発・製品化部門（緩和分野）において

図●「第７回ものづくり日本大賞内閣総理大臣賞」受賞式（内閣総理大臣官邸）
（出所：内閣府、経済産業省）

「気候変動アクション大賞」を小泉進次郎環境大臣より受賞しました。日本の社会でも筆者の主張してきた本物のサステナブルな技術の重要性を理解し、変革へ腰を上げる企業や市民が増え始めています。福島の片田舎で進めてきた小さな想いが全国の賛同者へ伝わり、海を越えて世界中へ伝播しようとしています。本書の上梓により、1人でも多くの方へバイオプラスチックの知識啓蒙とこれから求められるアクションへの気付きを与えることができればこの上ない喜びです。

執筆に際し、貴重な資料や写真、データを提供いただきました各企業や団体、行政機関、知友へ感謝申し上げます。また、筆者の意識形成に大きな示唆を与えてくださった先生方、国立福島高専でものづくり技術の根幹を伝授してくれた大和田国夫先生、技術士制度と社会正義について教えを賜った土居威男先生〔技術士（建設部門）〕、田舎者の浅学非才の筆者の師匠となってくださった清原眞先生〔技術士（機械部門）〕、ポリ乳酸の潜在的可能性を黎明期にご教示くださった望月政嗣先生（元京都工芸繊維大学特任教授、工学博士）、超臨界微細発泡成形技術の最先端の考え方をご教授いただいた大嶋正裕先生（京都大学大学院化学工学専攻教授、工学博士）、機械工学の最先端技術と技術士のあるべき姿を体現してくださった松岡甫篁先生〔技術士（機械部門）、博士（工学）〕、知的財産権の世界戦略を導いてくださった佐藤辰彦先生〔弁理士、博士（学術）〕へ心より謝意を表させていただきます。私の取り組みに賛同してくださり励ましていただいた声優の矢島晶子氏〔アニメ『クレヨンしんちゃん』野原しんのすけ（初代）役〕に感謝申し上げます。筆力に乏しい文章の編集に粘り強く協力してくれたサンク松岡りか氏、白井佐和子氏、筆者のバイオプラスチック技術に早くから関心を寄せ、ドイツ「K2019」の取材へも渡航してくれた日経ものづくり編集委員木崎健太郎氏へそのご尽力に敬意を表します。

最後に、結婚以来事務所業務の切り盛りを支援してくれた妻俊枝、最新の考え方を示唆してくれた息子の勝男、原稿整理に協力してくれた息子の裕紀へ深く感謝の意を述べたいと思います。

2021年4月　**小松道男**

脱炭素時代のグリーン材料
バイオプラの教科書

| | |
|---|---|
| 発行日 | 2021年4月19日　第1版第1刷発行 |
| 著者 | 小松道男 |
| 発行者 | 吉田琢也 |
| 発行 | 日経BP |
| 発売 | 日経BPマーケティング<br>〒105-8308 東京都港区虎ノ門4-3-12 |
| 編集 | 松岡りか、近岡 裕 |
| デザイン | Oruha Design |
| 制作 | 美研プリンティング |
| 印刷 | 図書印刷 |



ISBN978-4-296-10929-6


本書籍に関するお問い合わせ、ご連絡は下記にて承ります。
https://nkbp.jp/booksQA